中等职业学校数控技术应用专业改革发展创新系列教材

车工工艺与技能训练

主　编　陈　娟　黄加根
副主编　周美琴　何　凯
　　　　唐召喜　张淑芳
　　　　续　健

U0316511

中国铁道出版社有限公司
CHINA RAILWAY PUBLISHING HOUSE CO., LTD.

内 容 简 介

本书根据国家职业技能鉴定标准,结合中等职业教育的实际情况并按照《车工工艺与技能训练教学大纲（2000）》编写。本书遵循"实用"、"实效"的原则,采用项目化的教学模式,以任务为引领,突出技能训练,使学生在技能训练中掌握并达到本专业（工种）知识和技能要求。项目的选择具有典型性,力求将车削的基本内容融入项目内容中,能较为全面地检查学生车工基本操作能力。

主要内容有:车削的基本知识、车外圆柱面、车内圆柱面、车内外圆锥面、成形面的加工和表面修饰、螺纹加工、切削原理和刀具、车床夹具、较复杂零件的车削、典型零件的工艺分析和提高劳动生产率的途径。

本书适合作为中等职业学校机械加工类专业的教材,也可作为职业技能鉴定培训机构和业余培训机构的岗位培训教材。

图书在版编目（CIP）数据

车工工艺与技能训练/陈娟,黄加根主编. —北京:
中国铁道出版社,2012.9（2020.5重印）
中等职业学校数控技术应用专业改革发展创新系列
教材
ISBN 978－7－113－14876－8

Ⅰ.①车… Ⅱ.①陈…②黄… Ⅲ.①车削－中等专
业学校－教材 Ⅳ.①TG510.6

中国版本图书馆 CIP 数据核字（2012）第 192455 号

书　　名:**车工工艺与技能训练**

作　　者:陈　娟　黄加根

策　　划:陈　文　　　　　　　　　读者热线:010-83529867

责任编辑:李中宝

编辑助理:刘　锜

封面设计:刘　颖

责任印制:樊启鹏

出版发行:中国铁道出版社有限公司(100054,北京市西城区右安门西街8号)

网　　址:http://www.tdpress.com/51eds/

印　　刷:三河市宏盛印务有限公司

版　　次:2012 年 9 月第 1 版　　　2020 年 5 月第 2 次印刷

开　　本:787 mm×1092 mm　1/16　印张:10　字数:242 千

印　　数:3001～4000 册

书　　号:ISBN 978-7-113-14876-8

定　　价:21.00 元

本书根据国家职业技能鉴定标准,结合中等职业教育的实际情况并按照《车工工艺与技能训练教学大纲(2000)》编写。本书遵循实用、实效的原则,采用项目化的教学模式,以任务为引领,突出技能训练,使学生在技能训练中掌握并达到本专业(工种)知识和技能要求。项目的选择具有典型性,设计了"由简单到复杂"的十个学习项目。力求将车削的基本内容融入项目内容中,能较为全面地检查学生车工基本操作能力。主要内容有:车削的基本知识、车外圆柱面、车内圆柱面、车内外圆锥面、成形面的加工和表面修饰、螺纹加工、切削原理和刀具、车床夹具、较复杂零件的车削、典型零件的工艺分析和提高劳动生产率的途径。

本书各个项目中的任务由工作任务展示、工作任务分析、相关知识点、训练项目、任务完成评价表五部分组成,符合学生的学习和认知规律。技能训练内容与工艺理论知识相对应,便于同步进行,有利于学生用理论知识指导技能训练,并用实践知识巩固、加深对理论知识的理解和掌握。

本书的参考教学学时数为 148 学时,各项目学时分配见下表(供参考)。

项目	任务	学时	项目	任务	学时
项目一	任务一	4	项目五	任务一	6
	任务二	4		任务二	2
	任务三	4	项目六	任务一	6
	任务四	2		任务二	4
	任务五	2	项目七	任务一	12
项目二	任务一	6		任务二	6
	任务二	6	项目八	任务一	6
	任务三	6		任务二	6
项目三	任务一	6	项目九	任务一	4
	任务二	12		任务二	4
项目四	任务一	4		任务三	6
	任务二	6	项目十	任务一	12
				任务二	12

在本书的编写过程中,参考了有关资料和文献,在此向提供帮助的老师表示衷心的感谢!

由于编者水平有限,且时间仓促,书中难免有疏漏、错误和不足之处,恳请读者批评指正,以便今后进一步修正与改进。

编 者
2012 年 5 月

目 录

CONTENTS

项目一

车削的基本知识——圆柱销

任务一 认识车床

学习目标:

知识目标:

1. 了解常用车床的种类
2. 了解车床加工的基本内容
3. 掌握车床型号的表示方法
4. 掌握卧式车床的主要结构和各部分的作用

能力目标:

1. 指出车床各部分结构名称
2. 能正确说明车床各部分功能

【工作任务展示】CA6140 卧式车床如图 1-1 所示。

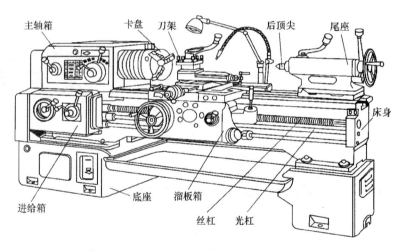

图 1-1　CA6140 卧式车床

【工作任务分析】（见表 1-1）

表 1-1　车削加工工作任务分析栏

序号	工 作 流 程	任 务 要 求
1	车削加工的基本内容	举例日常生活中车削加工的零件
2	常用车床的种类介绍	了解常用车床的种类
3	车床的型号说明	能根据车床操作手册，回答车床的规格、结构及常用参数
4	分析 CA6140 型卧式车床的结构与组成	在教师的指导下，指出车床各部分结构的名称及功能

【相关知识点】

知识点一：车削加工的基本内容

车床是切削加工的主要技术装备，它能完成的机械加工任务很多，如表 1-2 所示。就其基本的工作内容而言，可以车削外圆和端面、切断、切槽、钻孔、镗孔、铰孔；车削各种螺纹、滚花；车削内外圆锥面、各种特殊形面以及盘绕弹簧等。如果在车床上配置各种附件和夹具，还可以进行磨削、研磨、抛光以及加工各种特殊零件的外圆、内孔等。

表 1-2　车削加工的范围

车外圆	车端面	切断和车槽	钻中心孔
钻孔	车孔	铰孔	车螺纹
攻螺纹	车圆锥	车成形面	滚花

知识点二：车床的种类

按结构和用途的不同，车床可分为很多种。常见的有卧式车床、仿形车床、立式车床、转塔车床及多刀车床、单轴自动、半自动车床以及各种专用车床等，如图 1-2 所示。

（a）卧式车床

（b）仿形车床

（c）立式车床

（d）多刀车床

（e）自动车床

图 1-2　车床的种类

知识点三：机床的型号说明

（1）机床的类别代号　类别代号是以机床名称第一个字的大写汉语拼音字母来表示的。例如，"C"表示车（Che）床；"Z"表示钻（Zuan）床。根据机床的工作原理、结构特性以及使用范围，将机床分为 11 类，如表 1-3 所示。

表 1-3　机床的类别代号

类别	车床	钻床	镗床	磨床	齿轮加工机床	螺纹加工机床	铣床	刨插床	拉床	锯床	其他机床
代号	C	Z	T	M	Y	S	X	B	L	G	Q

（2）机床的特性代号　机床的特性代号，包括通用特性和结构特性，也用汉语拼音字母表示。

通用特性代号有统一的固定含义，不论在什么机床型号中，都表示相同的含义，当某类机床，除有普通型式外，还有各种通用特性时，则应在类别代号之后加上相应的通用特性代号予以区分，如 CM6132 型号中"M"表示"精密"之意，是精密普通车床。机床的通用特性代号如表 1-4 所示。

表 1-4　机床的通用特性代号

通用特性	高精度	精密	自动	半自动	数控	加工中心	仿形	轻型	加重型	简式和经济型	柔性加工单元	数显	高速
代号	G	M	Z	B	K	H	F	Q	C	J	R	X	S
读音	高	密	自	半	控	换	仿	轻	重	简	柔	显	速

知识点四：CA6140 卧式车床的结构与组成

CA6140 卧式车床的外形结构如图 1-3 所示，由床身、主轴箱、交换齿轮箱、进给箱、溜板箱、刀架、尾座、冷却以及照明等部分组成。

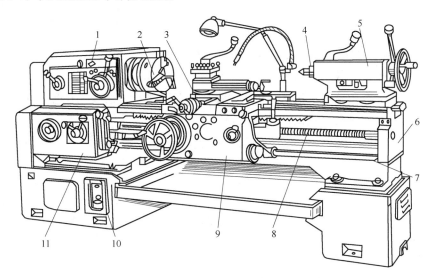

图 1-3　CA6140 卧式车床的结构

1—主轴箱；2—卡盘；3—刀架；4—后顶尖；5—尾座；6—床身；7—光杠；8—丝杠；9—溜板箱；10—底座；11—进给箱

知识点五：CA6140 卧式车床的主要部件及功用

1. 主轴变速箱

简称主轴箱。其主要作用是使主轴获得不同的转速。主轴用来安装卡盘，卡盘用来装夹工件。

2. 交换齿轮箱

把主轴的运动传给进给箱，通过改变交换齿轮箱齿轮的齿数，配合进给箱的变速运动，可车削出不同螺距的螺纹工件及满足大小不同的纵、横进给量。

3. 进给箱

把交换齿轮箱传来的运动经过变速后传递给光杠、丝杠，以满足车螺纹与机动进给的需要。

4. 溜板箱

把光杠或丝杠传来的运动传递给床鞍及中滑板，以形成车刀的纵、横向进给运动。

5. 床鞍和滑板

支承滑板与实现纵向进给。滑板分中滑板和小滑板，中滑板用于横向进给，小滑板用于对刀、短距离的纵向进给、车圆锥等。

6. 刀架

刀架用来装夹车刀。

7. 尾座

尾座的用途广泛，装上顶尖可支顶工件；装上钻头可钻孔；装上板牙、丝锥可套螺纹和攻螺纹；装上铰刀可铰孔等。

8. 床身

床身是车床上精度要求很高的一个大型部件。它的主要作用是支承安装车床的其他部件，并是床鞍、尾座运动的导向部分。

9. 冷却部分

冷却部分给切削区浇注充分的切削液，降低切削温度，提高工件加工质量和刀具寿命。

【训练项目】

训练项目一：车床的型号说明。

训练目的：掌握车床型号的表示方法及各代号含义。

训练内容：1. 学生预习相关知识点。

           2. 学生在教师指导下分析讨论车床型号的表示方法及各代号含义。

           3. 学生完成练习表（见表1-5）。

表 1-5　练　习　表

车床型号	代　号	代号的含义
CA6140	C	
	A	
	6	
	1	
	40	
Y7132A	Y	
	7	
	1	
	32	
	A	

训练项目二：分析 CA6140 型卧式车床的结构与组成。

训练目的：掌握卧式车床的主要结构和各部分功用，能在教师的指导下，指出车床各部分结构的名称及功用。

训练内容：1. 学生预习相关知识点。

           2. 学生观看教师现场示范讲解。

           3. 学生分组练习，指出车床各部分结构的名称及功用（见表1-6）。

表 1-6　CA6140 卧式车床的主要部件及功用

主要部件名称	功　用
1. 主轴箱	
2. 交换齿轮箱	
3. 进给箱	
4. 溜板箱	
5. 刀架	
6. 尾座	
7. 丝杠	
8. 光杠	

续表

主要部件名称	功　　能
9. 操纵杆	
10. 床身	
11. 冷却装置	

【任务完成评价表】（见表1-7）

表 1-7　任务过程评价表

学生姓名		班级		组别	日期
任务一			认识车床		
学习内容		掌握程度		评分采用 10—9—7—5—3—0 分制	
				自评	组评	师评
车削加工的基本内容	□好　　□一般　　□差					
车床的种类	□好　　□一般　　□差					
车床的型号和含义	□好　　□一般　　□差					
车床的主要结构和功能	□好　　□一般　　□差					
结果						

任务二　车床的基本操作

学习目标：

　知识目标：

　1. 掌握车床的安全操作规程和文明生产要求

　2. 了解车床的传动系统

　3. 了解车床的操纵系统，熟悉各个操纵手柄的用途

　4. 掌握车床的操作方法

　能力目标：

　1. 初步掌握车床的基本操作技能

　2. 能熟练地操作车床

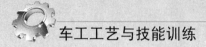
【工作任务展示】车床的基本操作如图1-4所示。

图1-4 车床的基本操作

【工作任务分析】（见表1-8）

表1-8 车床操作的工作任务分析栏

序号	工 作 流 程	任 务 要 求
1	讲解车床操作安全文明生产的知识	参加安全文明生产知识的测试
2	各操纵手柄的介绍	熟悉各操纵手柄的用途及操纵时的注意事项
3	演示车床的启动、停止；主轴箱的变速操作；进给箱的变速操作；溜板箱的操作；尾座的操作；刀架的操作	在教师的指导下，模仿练习车床的基本操作

【相关知识点】

知识点一：车床安全文明生产的知识

车床在运转时，如同一辆在高速公路上奔驰的汽车，必须遵守"交通安全规则"。车床一方面给人们带来了效益，另一方面也时刻威胁着人们的生命，因此，必须遵守车床安全规则，具体内容见表1-9。

表1-9 车床安全规则

安全操作规程	1	操作车床要穿工作服和工作鞋，女生必须戴工作帽。不准戴手套操作车床
	2	工件、车刀必须装夹牢靠，卡盘扳手用毕后要立即取下
	3	工作时，头和手不要靠工件太近，车床旋转时不准测量，不准用手摸工件和制动主轴
	4	凡装卸工件、更换刀具、测量加工表面及变换速度时，必须先停车
	5	不能用手直接去清除切屑，要用专用的铁钩来清理
	6	工件中发现车床、电气设备有故障时，应及时申报，由专业人员来维修，切不可在未修复的情况下使用

续表

文明生产要求	1	开车前要检查车床各部分是否完好，各手柄是否灵活、位置是否正确。检查各注油孔，并进行润滑。然后低速空转 2～3min 才能工作
	2	刀、夹、量具的放置和保管要整齐、合理、安全，便于操作时取用，用完后要放回原处
	3	不准在床面上放置工具或工件；不准在导轨和卡盘上敲击
	4	图样、工艺卡片应放置于便于阅读处，并保持其清洁和完整
	5	工作场所要布置有序，保持清洁整齐，避免杂物堆放
	6	工作完毕后擦干净车床，按规定加注润滑油，将床鞍移至尾座一端，各传动手柄放至空挡位置，关闭电源

知识点二：车床的启动操作

车床的启动操作如表 1-10 所示。

表 1-10　车床的启动操作

实 施 步 骤	具 体 要 求
1. 检查车床状态 (1) 检查车床各变速手柄是否处于空挡位置； (2) 离合器是否处于正确位置； (3) 操纵杆是否处于停止状态； 确认无误后，向左转动钥匙打开电源总开关	车床电源控制开关置于 0 状态； 操纵杆处于停止状态
2. 启动电动机 向上扳动车床电源开关，启动电动机	向上扳动车床电源开关
3. 启动车床 (1) 向上提起溜板箱右侧的操纵杆手柄，主轴正转； (2) 将操纵杆手柄扳回中间位置，主轴停止转动； (3) 将操纵杆向下压，主轴反转	加工时主轴正转，车螺纹时退刀采用反转，防止乱牙
4. 停止车床	工作结束时必须关闭车床电源总开关，同时切断车床电源闸刀开关

知识点三：主轴箱的变速操作

主轴箱的变速操作如表 1-11 所示。

表 1-11　主轴箱的变速操作

实 施 步 骤	具 体 要 求
1. 主轴箱变速 改变主轴箱正面右侧的两个叠套手柄的位置来控制，前面的手柄有六个挡位，每个有四级转速，由后面的手柄控制，所以主轴共有 24 级转速	将手柄位置拨到其所显示的颜色与前面手柄所在挡位上的转速数字所标示的颜色相同的挡位即可
2. 左右旋螺纹变换	向左扳动即加工左旋螺纹，向右扳动即加工右旋螺纹，加大螺距，共有四个挡位螺纹手柄

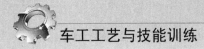

知识点四：进给箱的变速操作

进给箱的变速操作如表 1-12 所示。

表 1-12　进给箱的变速操作

实 施 步 骤	具 体 要 求
1. 调整螺距或进给量 　进给箱正面左侧有一个手轮，手轮有八个挡位，它与右侧前、后叠装的后面一个手柄（有Ⅰ、Ⅱ、Ⅲ、Ⅳ、Ⅴ五个挡位）一起调整所需螺距或进给量	操作时应根据加工要求，查找进给箱油池盖上的螺纹和进给量调配表来确定手柄和手轮的具体位置
2. 光杠、丝杠变换 　右侧前、后叠装的前面一个手柄（有 A、B、C、D 四个挡位）是丝杠、光杠的变换手柄	当后手柄处于正上方时是第Ⅴ挡，此时齿轮箱的运动不经进给箱变速，而与丝杠直接相连

知识点五：溜板箱的操作

溜板箱的操作如表 1-13 所示。

表 1-13　溜板箱的操作

实 施 步 骤	具 体 要 求
1. 溜板箱部分的手动操作 （1）床鞍及溜板箱纵向左右移动； （2）中滑板的横向前后移动； （3）小滑板的纵向移动	顺时针方向转动手轮时，床鞍向右运动；逆时针方向转动手轮时，床鞍向左运动； 　顺时针方向转动手轮时，中滑板向前运动（即横向进刀）；逆时针方向转动手轮时，中滑板向操作者运动（即横向先向后退刀）； 　小滑板手柄顺时针方向转动时，小滑板向左运动；逆时针方向转动手柄时，小滑板向右运动
2. 溜板部分的机动进给操作 （1）纵、横向机动进给 　自动进给手柄在溜板箱右侧，采用手柄操纵，可沿十字槽移动 （2）快速移动 　在自动进给手柄顶部有一快进按钮，按下此按钮，快速电动机工作	手柄扳动方向与刀架运动方向一致，手柄在十字槽中央位置时，停止进给运动；向不同方向扳动手柄可做纵向或横向快速移动，松开按钮，快速电动机停止转动，快速移动中止
3. 车螺纹——开合螺母操作 　溜板箱正面右侧有一开合螺母操作手柄，用于控制溜板箱与丝杠之间的运动联系	车削螺纹时，顺时针方向扳下开合螺母手柄，使开合螺母闭合并与丝杠啮合，溜板箱、床鞍按预定的螺距做纵向进给

知识点六：尾座的操作

尾座的操作如 1-14 所示。

表 1-14 尾座的操作

实 施 步 骤	具 体 要 求
1. 移动尾座 手动沿床身导轨纵向移动尾座至选定的位置	逆时针方向扳动尾座固定手柄，将尾座固定
2. 移动套筒	逆时针方向转动套筒固定手柄，摇动手轮，使套筒做进、退移动；顺时针方向转动套筒固定手柄，将套筒固定在选定的位置
3. 摇动手轮使套筒退出后顶尖	松开套筒固定手柄，摇动手轮使套筒退出后顶尖

【训练项目】

训练项目一：车床安全文明生产知识的测试。

训练目的：掌握车床的安全操作规程和文明生产要求。

训练内容：1. 学生预习相关知识点。

　　　　　2. 学生观看教师现场示范讲解。

　　　　　3. 学生参加车床安全文明生产知识的测试。

训练项目二：练习车床各主要部件的操作。

训练目的：初步掌握车床的基本操作技能。

训练内容：1. 学生预习相关知识点。

　　　　　2. 学生观看教师现场示范演示车床各部件的操作。

　　　　　3. 学生分组，模仿练习车床的启动、停止；主轴箱、进给箱的变速操作；溜板箱、尾座、刀架的操作。

【任务完成评价表】（见表 1-15）

表 1-15 任务过程评价表

学生姓名		班 级		组 别		日 期	
任务二		车床的基本操作					
学习内容	掌握程度			评分采用 10—9—7—5—3—0 分制			
				自评	组评		师评
车床安全文明生产的知识	□好　　□一般　　□差						
车床的启动操作	□好　　□一般　　□差						
主轴箱的变速操作	□好　　□一般　　□差						
进给箱的操作	□好　　□一般　　□差						
溜板箱的操作	□好　　□一般　　□差						
尾座的操作	□好　　□一般　　□差						

任务三　车刀及其选用方法

> **学习目标：**
>
> 知识目标：
>
> 1. 了解车刀的材料和性能要求
> 2. 熟悉常用车刀的种类和用途
> 3. 掌握车刀的正确安装方法
>
> 能力目标：
>
> 1. 能正确指出车刀的名称和用途
> 2. 根据加工要求正确地选择、安装车刀

【工作任务展示】 不同车刀的展示如图1-5所示。

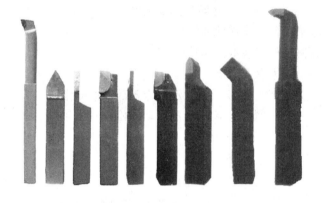

图1-5　车刀

【工作任务分析】（见表1-16）

表1-16　工作任务分析栏

序号	工 作 流 程	任 务 要 求
1	讲解车刀材料的种类和性能	熟悉常用的车刀材料和性能
2	常用车刀的种类和用途介绍	正确指出车刀的名称和用途
3	车刀的安装	正确安装车外圆、端面工件和切断车刀

【相关知识点】

知识点一：车刀材料的性能要求

（1）较高的硬度、强度、韧性，以承受切削力、冲击和震动。

（2）较高的耐磨性，以减少刀具磨损。

（3）较高的红硬性，能耐高温。

（4）良好的工艺性，便于制造。

知识点二：常用的车刀材料和性能

（1）高速钢。高速钢是含有钨、铬、钼、钒等合金元素较多的合金钢。

高速钢车刀的特点是制造简单、刃磨方便、刃口锋利、韧性好并能承受较大的冲击力，但高速钢的耐热性差，不宜高速切削。

高速钢主要适合制造小型车刀、螺纹刀和形状复杂的成形刀。

（2）硬质合金。硬质合金是一种硬度高、耐磨性好、耐高温（红硬性温度为850～1 000℃）、适合高速车削的粉末冶金制品。但它的韧性差，不能承受较大的冲击力。

常用的硬质合金有三类：钨钴类（K类），韧性好，但耐磨性较差，适合加工铸铁、有色金属等脆性材料；钨钛钴类（P类），耐磨性好，但韧性低，适合加工塑性金属及韧性较好的材料；钨钛钽（铌）钴类（M类），其抗弯强度和冲击韧度都比较好，应用广泛，不仅可以加工塑性材料，而且可以加工脆性材料。

知识点三：车刀的种类和用途

1. 车刀的种类

车刀按其车削的内容不同分为外圆车刀、端面车刀、切断车刀、内孔车刀、成形车刀和螺纹车刀等，如图1-6所示。

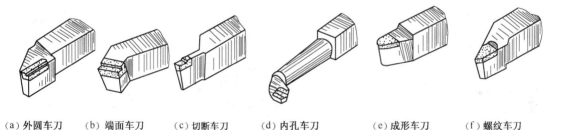

（a）外圆车刀　　（b）端面车刀　　（c）切断车刀　　（d）内孔车刀　　（e）成形车刀　　（f）螺纹车刀

图1-6　车刀的种类

2. 车刀的用途

90°车刀又叫偏刀，主要用来车削外圆、端面和阶台；75°车刀用来粗车外圆；45°车刀又叫弯头刀，主要用来车外圆、端面和倒角；切断车刀用来切断、车槽；成形车刀用来车削成形面；螺纹车刀用来车削螺纹，如图1-7所示。

3. 硬质合金可转位车刀

硬质合金可转位车刀由刀杆、刀片、刀垫和夹紧装置等部分组成。

刀片担负着各种切削任务。当刀片磨钝后，只需松开夹紧装置，将刀片转一个角度就可以用新切削刃进行切削，大大缩短了换刀、装刀、磨刀的时间。

知识点四：车刀的安装方法

（1）车刀安装在刀架上，伸出部分不宜太长，一般为刀杆厚度的1～1.5倍，如图1-8所示。伸出过长会使刀杆刚性变差，车削时易产生振动，影响工件的表面粗糙度。

（2）车刀垫片要平整，无毛刺，数量要少，垫片要与刀架边缘对齐。车刀至少要用两个螺钉压紧在刀架上，并逐个轮流拧紧。

（3）车刀刀杆的中心线应与进给方向垂直。

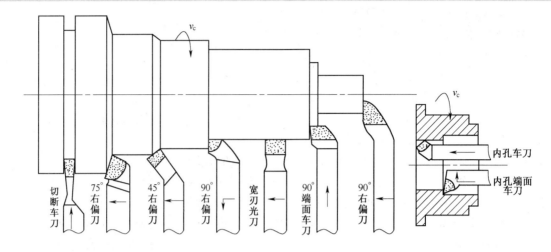

图 1-7 车刀的用途

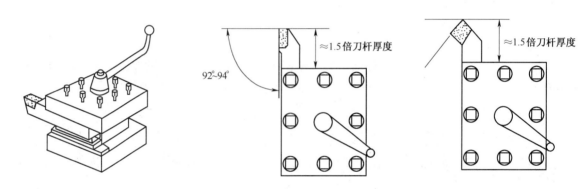

图 1-8 车刀的安装

（4）车刀刀尖一般与工件轴线等高。当车刀刀尖高于工件轴线时，会使后角减小，增大车刀后刀面与工件间的摩擦；当车刀刀尖低于工件轴线时，会使前角减小，切削不顺利。

【训练项目】

训练项目一：指出车刀的名称和用途。

训练目的：熟悉常用车刀的种类和用途。

训练内容：1. 学生预习相关知识点。

2. 学生观看教师现场示范讲解。

3. 学生完成练习（见表 1-17）。

表 1-17 练 习 表

车刀					
种类					
用途					

训练项目二：安装外圆车刀、端面车刀、切断车刀。

训练目的：掌握车刀的正确安装方法。

训练内容：1. 学生预习相关知识点。

　　　　　2. 学生观看教师演示。

　　　　　3. 学生分组操作练习。

【任务完成评价表】（见表 1-18）

表 1-18　任务过程评价表

学生姓名	班级	组别	日期
任务三	车刀及其选用方法		

学习内容	掌握程度	评分采用 10—9—7—5—3—0 分制		
		自评	组评	师评
车刀材料的种类及性能要求	□好　　□一般　　□差			
车刀的种类和用途	□好　　□一般　　□差			
车刀的安装方法	□好　　□一般　　□差			

任务四　车床的润滑和维护保养

学习目标：

知识目标：

1. 了解车床润滑系统润滑点的位置

2. 熟悉车床的润滑材料、润滑要求和润滑方式

3. 熟悉车床的维护保养方法

能力目标：

1. 能根据车床工作要求正确选择润滑方法和润滑油

2. 能熟练地对车床进行日常维护保养

【工作任务展示】车床的润滑和维护保养如图 1-9 所示。

图 1-9　车床的润滑和维护保养

【工作任务分析】（见表 1-19）

表 1-19　工作任务分析栏

序号	工作流程	任务要求
1	车床的润滑、维护保养相关知识点的学习	熟悉车床润滑系统润滑点的位置；掌握车床的润滑及维护保养方法
2	认识车床上各部件的油孔位置	学会用油枪在导轨上和油孔中加注润滑油
3	对车床进行日常清洁维护保养	学会擦拭车床导轨、清除铁屑等方法，保持车床外表清洁、场地整齐、工件摆放有序

【相关知识点】

知识点一：车床的润滑方式

车床的润滑方式有以下几种：

1. 浇油润滑

对于车床外露的滑动表面通常采用这种方法。在车床工作之前和工作完毕擦净后用油壶浇油润滑。

2. 溅油润滑

常用于密闭的箱体中，例如车床主轴箱体中的转动齿轮将箱底的润滑油溅射到箱体上部的油槽中，然后经槽内油孔流到各润滑点进行润滑。

3. 油绳润滑

把毛线浸在油槽中，利用油绳把油引到所需润滑的部分，车床上密封的齿轮箱内零件一般采用此方法。

4. 弹子油杯润滑

车床上有弹子口的地方，都采用此方法。润滑时，用油壶将弹子压下，滴入润滑油。尾座和中、小滑板摇手柄转动轴承处，一般都用弹子油杯润滑。润滑时用油嘴把弹子撬下，滴入润滑油。

5. 油脂杯润滑

交换齿轮架的中间齿轮一般用黄油杯润滑。润滑时，先在黄油杯中装满工业润滑脂，然后将油杯拧进油杯盖，利用压力将润滑油挤到轴承套内。

6. 油泵循环润滑

常用于转速高、需要大量润滑油连续强制润滑的机构，利用主轴箱内的油泵强制供应充足的油量来进行多处润滑。

知识点二：车床润滑系统和润滑要求

图 1-10 所示为 CA6140 型卧式车床润滑系统润滑点的位置示意图。润滑部位用数字标出，图中除②处的润滑部位是用 2 号钙基润滑脂进行润滑外，其余各部位都用 30 号机油润滑。换油时，应先将废品油放尽，然后用煤油把箱体内冲洗干净，再注入新机油，注油时应用过滤网过滤，且油面不得低于油标中心线。CA6140 型卧式车床的润滑要求如表 1-20 所示。

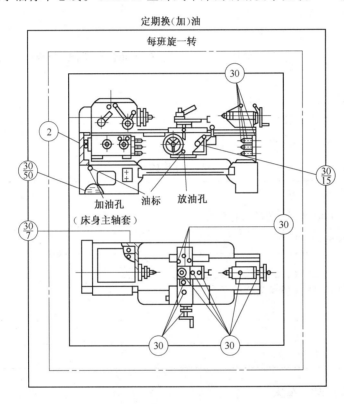

图 1-10　车床润滑部位

表 1-20　CA6140 型卧式车床的润滑要求

润 滑 部 位	润 滑 方 式	要　　　求
主轴箱内部	轴承、油泵循环润滑齿轮，飞溅润滑	箱内润滑油每 3 个月更换一次。车床运转时，箱体上油标应不间断有油输出
进给箱内齿轮和轴承	飞溅润滑和油绳润滑	每班向储油池加油一次
交换齿轮箱中间齿轮轴承	黄油杯润滑	每班一次：每 7 天向黄油杯中加钙基润滑脂一次
尾座和中、小滑板丝杆，轴承以及光杆、丝杠、刀架转动部位	油杯注油润滑	每班一次
床身导轨、滑板导轨	油枪浇油润滑	每班（工作前后）

知识点三：车床的日常维护保养方法

（1）工作前，应按机床润滑系统润滑点位置示意图对各个部位注油润滑，检查各部位是否正常。

（2）工作中，应采用合理的方式操作机床设备，严格禁止非常规操作。

（3）工作后，应切断电源，清空铁屑盘，对机床表面、导轨面、丝杠、光杠、操纵杆和各操纵手柄进行擦洗，做到无油污、黑渍，车床外表面干净、整洁，并注油润滑。

每周要求保持床身导轨面和中小滑板导轨面及转动部分的清洁、润滑。要求油眼或油管畅通、游标清晰，保持车床外表面清洁和工作场地清洁。

【训练项目】

训练项目一：润滑车床。

训练目的：掌握润滑车床的方式和方法；正确选择润滑油和润滑脂；对车床各个部位进行润滑。

训练内容：1. 学生预习相关知识点。

2. 学生观看教师演示。

3. 学生分组操作练习（见表1-21）。

表 1-21　车床的润滑

实 施 步 骤	完 成 情 况
1. 床身导轨面及中小滑板导轨面等外露的润滑	
2. 主轴箱内部分齿轮轴承	
3. 进给箱和溜板箱	
4. 尾座和中小滑板摇手柄转动轴承处，以及丝杠、光杠和操纵杆等	
5. 交换齿轮	
6. 主轴箱内离合器、高速旋转齿轮等	

训练项目二：维护保养车床。

训练目的：学会对车床进行日常维护保养。

训练内容：1. 学生预习相关知识点。

2. 学生观看教师演示。

3. 学生分组操作练习（见表1-22）。

表 1-22　日常对车床的维护和保养

实 施 步 骤	要 求
1. 工作前保养	（1）擦净车床外露导轨及滑动面的尘土； （2）按规定润滑各部位； （3）检查各手柄位置； （4）空车试运转
2. 工作中保养	按照操作规程正确操作车床，定期清洁导轨面的切屑，注意观察润滑油路是否畅通，保持游标、油窗清晰

续表

实施步骤	要　求
3．工作后保养	（1）打扫场地卫生，保证车床底下无切屑、无垃圾，保持工作环境干净； （2）将铁屑全部清扫干净； （3）擦净车床各部位，保持各部位无污迹，各导轨面无水迹； （4）各导轨面和刀架加机油防锈； （5）清理干净工具、量具、夹具并归位，各部件归位； （6）每个工作班结束后，应关闭车床总电源

【任务完成评价表】（见表1-23）

表1-23　任务过程评价表

学生姓名	班级	组别	日期

任务四	车床的润滑和维护保养			
学习内容	掌握程度	评分采用10—9—7—5—3—0分别		
		自评	组评	师评
车床的润滑方式	□好　　□一般　　□差			
车床的润滑要求	□好　　□一般　　□差			
车床的保养	□好　　□一般　　□差			

任务五　车削加工的切削要素

学习目标：

知识目标：

1．了解切削用量三要素对加工精度和表面质量的影响

2．能根据实际加工需求合理地选择切削用量

3．掌握车削外圆和端面的方法步骤

能力目标：

1．掌握三爪自定心卡盘装夹工件的方法

2．初步掌握自动进给操作

3．掌握车削外圆、端面的方法

【工作任务展示】圆柱销的加工要求如图 1-11 所示。

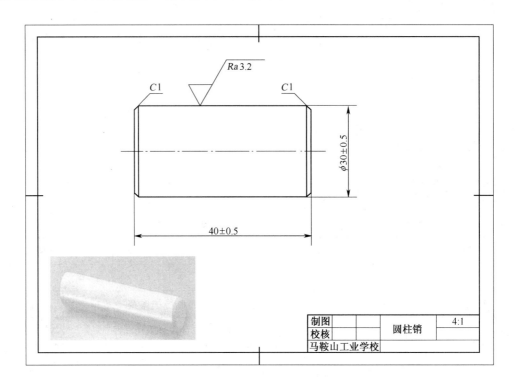

图 1-11　圆柱销

【工作任务分析】（见表 1-24）

表 1-24　工作任务分析栏

序号	工 作 流 程	任 务 要 求
1	练习车削外圆、端面	掌握外圆、端面的车削方法
2	分析圆柱销零件图	圆柱销的技术要求，材料、毛坯的选择
3	圆柱销加工方案制定	拟定圆柱销加工工艺路线
4	实际操作车床	严格按照操作规程完成圆柱销车削加工
5	圆柱销质量检测	利用游标卡尺和表面粗糙度样板检测圆柱销加工质量
6	设备保养	要求学生按规定对机床进行保养，对场地进行清理、维护

【相关知识点】

知识点一：车削运动

车削工件时，为了切除多余的金属，必须使工件和车刀产生相对的车削运动。按其作用划分，车削运动可分为主运动和进给运动两种，如图 1-12 所示。

（1）主运动。主运动是车床的主要运动，消耗车床的主要动力。车削时主运动是工件的旋转运动。

（2）进给运动。进给运动是使工件的多余材料不断被去除的切削运动。例如车外圆时车刀的纵向进给运动和车端面时车刀的横向进给运动，如图 1-13 所示。

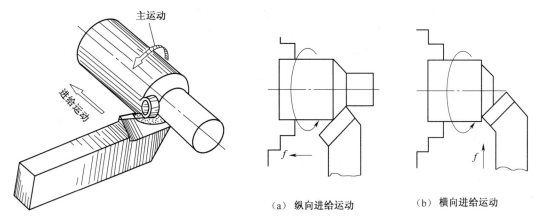

（a）纵向进给运动　　　　（b）横向进给运动

图 1-12　车削运动　　　　　　　　　　　图 1-13　进给运动

知识点二：切削用量

切削用量是表示主运动和进给运动大小的参数，它包括切削速度 v_c、进给量 f 和背吃刀量 a_p，如图 1-14 所示。

（1）切削速度 v_c（m/min）：切削刃上的选定点相对于主运动的瞬时速度。

$$v_c = \frac{\pi d n}{1000}$$

式中　d——工件切削处的最大直径，mm；

　　　n——工件转速，r/min。

（2）进给量 f（mm/r）：工件转一周，车刀沿进给方向移动的距离。

根据进给方向的不同，进给量又分为纵向进给量和横向进给量，如图 1-15 所示。纵向进给量是指沿床身导轨方向的进给量，横向进给量是指垂直于床身导轨方向的进给量。

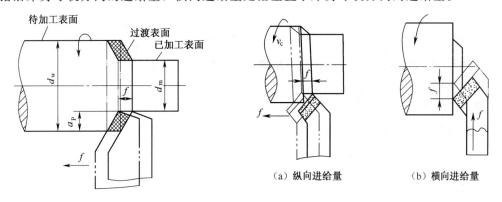

（a）纵向进给量　　　　（b）横向进给量

图 1-14　切削用量　　　　　　　　　　　图 1-15　进给量

（3）背吃刀量 a_p（mm）：工件上已加工表面和待加工表面之间的垂直距离。

$$a_p = \frac{d_w - d_m}{2}$$

式中　d_w——工件待加工表面的直径，mm；

　　　d_m——工件已加工表面的直径，mm。

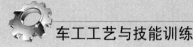

知识点三：切削用量的选择原则

选择切削用量要根据工件的具体情况，在保证产品质量的前提下，以最少的劳动消耗取得最高生产率的切削速度 v_c、进给量 f 和背吃刀量 a_p 合理搭配。

粗加工时以尽快切除工件上的多余金属为目的，为保证刀具的寿命，应首先选用大的背吃刀量（尽量在一次进给中切除多余金属），其次选用较大的进给量，最后根据刀具的寿命要求选择一个合适的切削速度。

精加工时要首先考虑保证工件的加工精度和较高的表面粗糙度要求，其次要考虑保证刀具的合理寿命和较高的劳动生产率。此时往往采用减小背吃刀量的方法来提高加工精度，用减小进给量的方法保证工件表面粗糙度要求。

精加工时要避免积屑瘤，应采用高速切削（例如 $v_c > 100$ m/min，使刀具面温度超过 500℃）或低速切削（例如 $v_c < 5$ m/min，使刀具面温度低于 200 ℃）。

知识点四：车端面的方法、步骤

（1）启动车床前的安全检查　用手转动卡盘一周，检查有无碰撞处。

（2）装夹工件并找正。

（3）选择和装夹车刀，可以用 45°弯头车刀或 90°偏刀车端面，如图 1-16 所示。安装车刀时刀尖严格对准工件中心，高于或低于工件中心都会使端面中心留有凸台，并损坏刀尖。

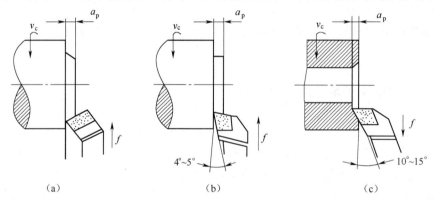

(a)　　　　　　　(b)　　　　　　　(c)

图 1-16　卡盘装夹车端面

（4）工件和车刀都装夹好后，选择好主轴速度，可以空车试转一下。

（5）移动床鞍，使车刀靠近端面处。

（6）双手均匀摇动中滑板车端面。车到端面中心即退回车刀。

由于工件毛坯一般都有毛刺，所以车削时先试刀，再决定背吃刀量，然后进刀。

知识点五：车外圆的方法步骤

（1）装夹工件并找正。

a. 装夹工件时应选择工件平直的表面进行装夹；

b. 找正工件外圆。

（2）选择外圆车刀，一般可以用 45°、75°或 90°外圆车刀，装夹车刀，固定刀架。

（3）启动车床正转，试刀后粗车，将工件的表皮切去。粗车的目的是切除大部分余量，提高工效。

（4）沿工件轴线方向退出刀具，转动刻度盘调整横向背吃刀量。

（5）纵向车削 2 mm 左右后纵向退出刀具，停车测量。

（6）根据测量结果，调整背吃刀量，再行试车，重复上述步骤，直到尺寸合格为止，如图1-17所示。

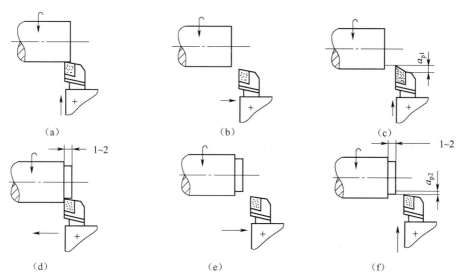

图 1-17　车外圆的试切方法及步骤

【训练项目】

训练项目一：分析图 1-11 圆柱销零件图，拟定工艺路线。

训练目的：根据零件图分析零件加工要求，拟定加工工艺路线。

训练内容：1. 学生预习相关知识点。

　　　　　2. 学生观看学习视频。

　　　　　3. 学生在教师指导下分析零件图和评分表。

　　　　　4. 学生分组讨论，拟定加工工艺路线。

1. 技术要求分析

该零件毛坯直径较大，刚性可以保证，可以单端装夹，车削一端之后，调头装夹，完成全部车削。粗精车外圆的过程中要尝试不同的切削参数，观察对表面粗糙度的影响。粗车时，在动力许可的条件下，要尽量用较大的背吃刀量 a_p 和进给量 f，提高切削效率；精车时，要尽量用较高的切削速度 v_c，以提高表面质量。

2. 加工路线拟定（参考表 1-25）

表 1-25　图 1-12 所示圆柱销的加工路线

工序	工步	工序内容	工作地点
1	1	检查毛坯，找正夹紧	毛坯：ϕ50 mm×45 mm
2	1	粗车端面	车床
	2	精车端面	
	3	粗车外圆（ϕ30±0.5）mm 到卡盘处	
	4	精车外圆（ϕ30±0.5）mm 到卡盘处	
	5	倒角 C1	

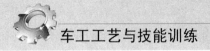

工序	工步	工 序 内 容	工 作 地 点
3	1	调头装夹，找正夹紧	车床
	2	粗车端面	
	3	精车端面，确保总长（40±0.5）mm	
	4	倒角 C1	
4	1	检测，取下工件	—

训练项目二：圆柱销加工操作训练。

训练目的：熟悉车床操作，掌握圆柱销加工方法。

训练内容：1. 各组长强调安全文明生产。

　　　　　2. 学生观看教师演示。

　　　　　3. 学生分组操作练习。

训练项目三：圆柱销加工质量检测。

训练目的：熟悉轴类零件检测项目与方法。

训练内容：1. 学生了解检测项目。

　　　　　2. 学生熟悉相应量具的使用方法。

　　　　　3. 学生测量工件并填表 1-26。

【任务完成评价表】（见表 1-26）

表 1-26　圆柱销加工评价表

学生姓名	班级	组别	日期

一、功能检查，目测检查，操作方法　　　　　　　　　　　　　　　　评分采用 10−9−7−5−0 分制

序号	零件号	检测项目	学生自测	教师检测
1	—	安全文明生产		
2	—	按图正确加工		
3	—	表面粗糙度 Ra3.2		
4	—	毛刺去除恰当		
5	—	倒角		
	结果			

二、尺寸检测　　　　　　　　　　　　　　　　　　　　　　　　　　　评分采用 10−0 分制

零件号	序号	图纸尺寸	公差	实际尺寸		分数
				学生自测	教师检测	
1	1	40	±0.5			
	2	φ30	±0.5			
	结果					

评分组	结果	因子	中间值	系数	成绩
功能、目测检查		0.5		0.3	
尺寸检测		0.2		0.7	

项目二

轴类零件的加工

任务一　外圆车刀的选用和刃磨

学习目标：

知识目标：

1. 掌握车刀的结构名称及基本角度
2. 砂轮机种类及选用
3. 熟悉车刀的刃磨步骤

能力目标：

1. 掌握刃磨90°外圆车刀的方法
2. 掌握车刀角度的检测方法

【工作任务展示】 刀具以及刀具的刃磨如图 2-1 所示。

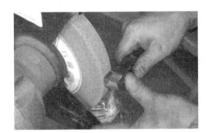

图 2-1　车刀的刃磨

【工作任务分析】（见表 2-1）

表 2-1　工作任务分析栏

序号	工作流程	任务要求
1	认识车刀的结构及几何角度	对照实物，能指出车刀各部分名称及各个几何角度
2	认识砂轮机种类及应用	能在实践中辨认砂轮机种类及选用砂轮
3	初步刃磨90°外圆车刀	严格按照砂轮机操作规程、车刀的刃磨的步骤及方法刃磨90°车刀
4	车刀质量检测	利用角度样板和万能角度尺检测车刀刃磨角度，目测检查车刀刀面及刀尖刃磨质量
5	设备保养	要求学生按规定对砂轮机进行保养，对场地进行清理、维护

【相关知识点】

知识点一：外圆车刀的结构和几何角度

1. 外圆车刀结构

外圆车刀由刀体（刀杆）和刀头组成。刀头由前刀面、主后刀面、副后刀面、主切削刃、副切削刃和刀尖所组成，俗称"三面、两刃、一刀尖"，如图 2-2 所示。

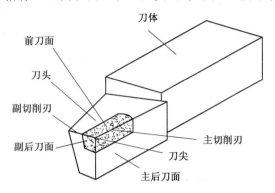

图 2-2 外圆车刀的几何结构和名称

2. 外圆车刀几何角度

（1）前角（γ_0）。前角增大能使车刀刃口锋利，可使切削省力，并使切屑顺利排出，如图 2-3 所示。

（2）后角（α_0）。后角的主要作用是减少车刀后刀面与工件的摩擦。

（3）主偏角（k_r）。主偏角的主要作用是改变主切削刃和刀头的受力及散热，如图 2-4 所示。

（4）副偏角（k_r'）。副偏角的主要作用是减少副切削刃与工件已加工表面的摩擦。

（5）刃倾角（λ_s）。刃倾角的主要作用是控制排屑方向。当刃倾角为负值时，可增加刀头的强度和车刀受冲击时保护车刀，如图 2-5 所示。

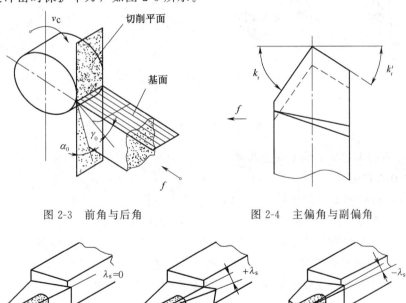

图 2-3 前角与后角　　　　图 2-4 主偏角与副偏角

图 2-5 刃倾角

知识点二：砂轮机的种类及选用

1. 砂轮的种类

氧化铝砂轮一般呈白色，叫做白刚玉，适合刃磨高速钢车刀。碳化硅砂轮一般呈绿色，适

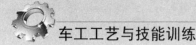

合刃磨硬质合金车刀。

2. 砂轮的选用

刃磨高速钢车刀时，应选用粒度为 46 号到 60 号的软或中软的氧化铝砂轮。刃磨硬质合金车刀时，应选用粒度为 60 号到 80 号的软或中软的碳化硅砂轮。其中砂轮粒度号数值越大，砂轮颗粒越细。

知识点三：外圆车刀刃磨的步骤

1. 粗磨

（1）磨主后刀面，同时磨出主偏角及主后角，如图 2-6（a）所示。

（2）磨副后刀面，同时磨出副偏角及副后角，如图 2-6（b）所示。

（3）磨前面，同时磨出前角及刃倾角，如图 2-6（c）所示。

2. 精磨

（1）修磨前面。

（2）修磨主后面和副后面。

（3）修磨刀尖圆弧，如图 2-6（d）所示。

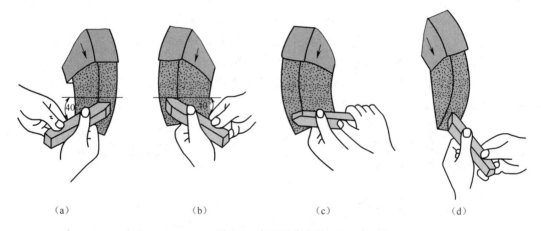

| (a) | (b) | (c) | (d) |

图 2-6 车刀刃磨方法

知识点四：刃磨车刀的方法和注意事项

1. 刃磨车刀的方法

（1）人站立在砂轮侧面，以防砂轮碎裂时，碎片飞出伤人。

（2）两手握刀距离分开，两肘夹紧腰部，以减小磨刀时的抖动。

（3）磨刀时，车刀应放在砂轮的外圆上，刀尖略微上翘 $3°\sim8°$。车刀接触砂轮后应作左右方向水平移动。当车刀离开砂轮时，刀尖需向上抬起，以防磨好的刀刃被砂轮碰伤。

（4）磨主后面时，刀杆尾部向左偏过一个 主偏角的角度；磨副后面时，刀杆尾部向右偏过一个副偏角的角度。

（5）修磨刀尖圆弧时，通常以左手握车刀前端为支点，用右手转动刀杆。

2. 刃磨车刀注意事项

（1）必须戴防护眼镜。

（2）工作服袖口扣紧，严禁戴手套。

（3）开机前如果检查出砂轮有缺损、裂缝，应立即停止使用，并更换砂轮。

（4）一片砂轮不可以两人同时使用。砂轮没有防护罩不可以使用。

（5）刃磨时双手握刀用力要均匀，不能用力过大，防止用力过猛使手打滑造成工伤事故。

（6）磨刀时不要正对砂轮的旋转方向站立，以防意外。

（7）要用砂轮的外圆磨刀，不可以利用砂轮端面来磨刀。车刀左右移动是为了砂轮磨损均匀，防止砂轮表面出现凹槽。

（8）刃磨高速钢车刀应及时冷却，防止刀刃烧掉。刃磨硬质合金刀具不可用水冷却，防止开裂。

（9）刃磨结束，应随手关闭电源。

知识点五：车刀角度的检测方法

（1）目测法。观察车刀角度是否合乎切削要求，刀刃是否锋利，表面是否有裂痕和其他不符合切削要求的缺陷。

（2）万能角度尺和样板测量法。对于角度要求高的车刀，可用此法检查。如图 2-7 所示是样板测量车刀角度。如图 2-8 是万能角度尺测量车刀角度。

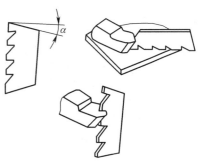

图 2-7　样板测量车刀角度

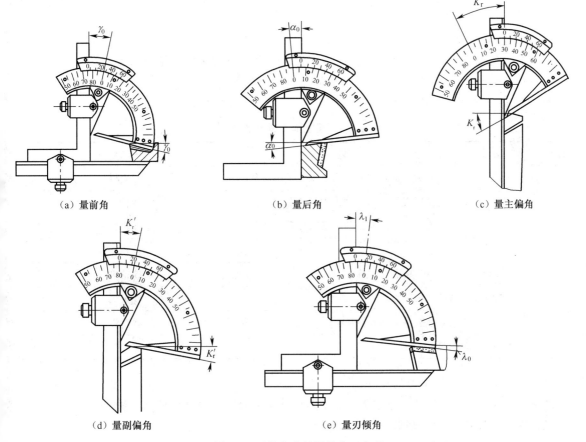

图 2-8　万能角度尺测量车刀角度

【训练项目】

训练项目一：如图 2-9 所示，分析车刀基本角度图，拟定工艺路线。

训练目的：掌握根据车刀基本角度图纸刃磨车刀、拟定加工路线。

训练内容：1. 学生预习相关知识点。

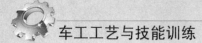
2. 学生观看学习视频。

3. 学生在教师指导下分析零件图和评分表。

4. 学生分组讨论，拟定加工工艺路线。

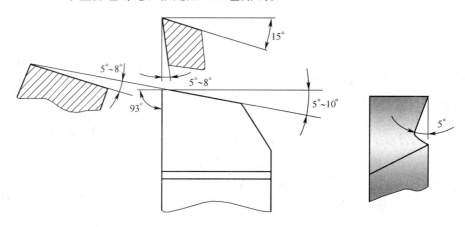

图 2-9　车刀几何角度

1. 技术要求分析

粗磨时，可以先用氧化铝砂轮磨出刀杆后角，然后再用碳化硅砂轮磨出刀片后角。刀杆后角一般比刀片后角大 2°～3°。

2. 加工路线拟定（见表 2-2）

表 2-2　磨削加工加工路线

工序号	工步号	工 序 内 容	工 作 地 点
1	1	粗磨主后刀面，同时磨出主偏角及主后角	砂轮机
	2	粗磨副后刀面，同时磨出副偏角及副后角	砂轮机
	3	粗磨前面，同时磨出前角及刃倾角	砂轮机
2	1	精磨前面	砂轮机
	2	精磨主后面和副后面	砂轮机
	3	精磨刀尖圆弧	砂轮机
3	1	油石修磨各面和过渡棱	砂轮机
4	1	检验	—

训练项目二：90°外圆车刀的刃磨。

训练目的：熟悉 90°车刀刃磨方法，在实践中体会刀具的各角度的控制方法。

训练内容：1. 各组组长强调安全文明生产。

　　　　　2. 学生观看教师演示。

　　　　　3. 学生分组操作练习。

训练项目三：90°车刀刃磨的质量检测

训练目的：熟悉车刀刃磨质量的检测方法

训练内容：1. 学生了解检测项目。

　　　　　2. 学生熟悉相应量具的使用方法。

3. 学生测量工件并填表 2-3。

【任务完成评价表】

表 2-3 外圆车刀刃磨评价表

学生姓名	班级	组别		日期	

一、功能检查，目测检查，操作方法 　　　　　　　　　　　　评分采用 10-9-7-5-0 分制

序号	零件号	检测项目	学生自测	教师检测
1	—	安全文明生产		
2	—	各面平面度		
3	—	切削刃锋利度及崩刃情况		
4	—	刀具没有烧变色		
5	—	刀尖圆弧或过渡棱刃磨		
结果				

二、尺寸检测 　　　　　　　　　　　　　　　　　　　　　　评分采用 10-0 分制

零件号	序号	图纸尺寸	公差	实际尺寸		分数
				学生自测	教师检测	
1	1	前角	±3°			
	2	后角	±2°			
	3	主偏角	±3°			
	4	副偏角	±2°			
	5	刃倾角	±2°			
结果						

评分组	结果	因子	中间值	系数	成绩
功能、目测检查		0.5		0.4	
尺寸检测		0.5		0.6	

任务二　车削台阶轴

学习目标：

知识目标：

1. 了解工件的不同装夹方法

2. 掌握中心孔的种类及作用

3. 了解切削用量的选用方法

能力目标：

掌握台阶轴的车削方法

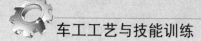
【工作任务展示】

如图 2-10 是套筒式联轴器，该项目中套筒将与轴承套在情景三（套类零件加工）中完成，圆柱销在情景一的任务拓展部分已经完成。本情景中将完成阶梯轴加工，如图 2-11 所示。轴和套上的销孔在台钻上完成。

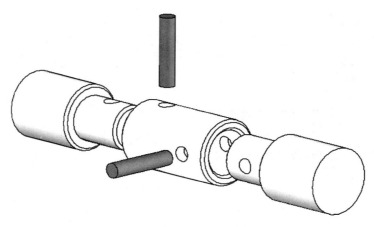

图 2-10　套筒式联轴器

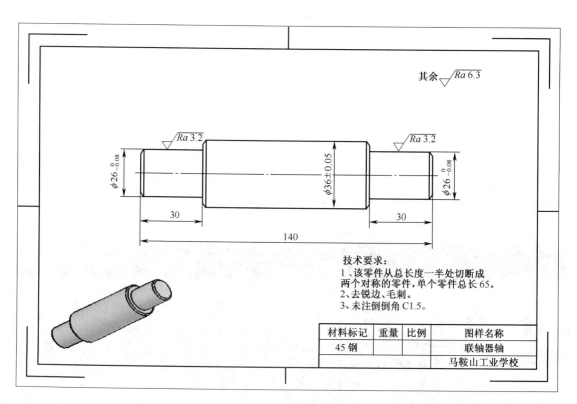

技术要求：
1、该零件从总长度一半处切断成两个对称的零件，单个零件总长 65。
2、去锐边、毛刺。
3、未注倒角 C1.5。

材料标记	重量	比例	图样名称
45 钢			联轴器轴
			马鞍山工业学校

图 2-11　台阶轴

【工作任务分析】（见表 2-4）

表 2-4　工作任务分析栏

序号	工作流程	任务要求
1	分析台阶轴零件图	台阶轴的技术要求，材料、毛坯的选择
2	台阶轴加工方案制定	拟定台阶轴加工工艺路线
3	实际操作车床	严格按照操作规程完成台阶轴车削加工
4	台阶轴质量检测	利用游标卡尺和表面粗糙度样板检测台阶轴加工质量
5	设备保养	要求学生按规定对机床进行保养，对场地进行清理、维护

【相关知识点】

知识点一：工件装夹方法

由于各种工件的形状、大小及加工的要求不同，所以有各种不同的安装方法，除项目一介绍的三爪卡盘装夹工件外，还有以下装夹方式。

1. 四爪单动卡盘装夹工件

四爪单动卡盘装夹工件安装精度比三爪卡盘高，夹紧力大，适用于夹持较大的圆柱形工件或形状不规则的工件，但是必须利用划针盘或百分表校正，如图 2-12 所示。

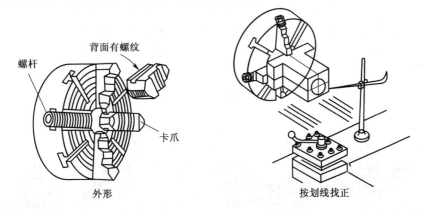

背面有螺纹

螺杆

卡爪

外形

按划线找正

图 2-12　四爪单动卡盘装夹工件的方法

2. 顶尖装夹工件

常用的顶尖有死顶尖和活顶尖两种，如图 2-13 所示。

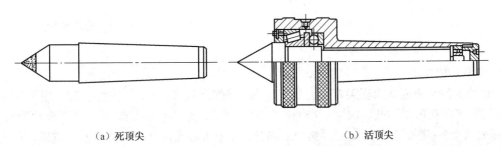

（a）死顶尖　　　　　　　　　　　（b）活顶尖

图 2-13　顶尖

（1）较长或加工工序较多的轴类工件，为保证工件同轴度要求，常采用两顶尖的装夹方法。

（2）当切削用量较大的时候，可以采用一夹一顶（一端用卡盘夹持，另一端用顶尖支承）的装夹方法由于这种方法夹紧力较大，适合于轴类零件的粗加工。

3. 花盘装夹工件

在车削形状不规则或形状复杂的工件时，三爪、四爪单动卡盘或顶尖都无法装夹，必须用花盘进行装夹，如图 2-14 所示。

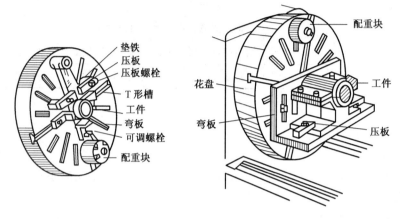

图 2-14　花盘装夹工件

4. 中心架和跟刀架装夹工件

当车削长度为直径 20 倍以上的细长轴或端面带有深孔的细长工件时，由于工件本身的刚性很差，容易产生弯曲变形和振动，因此会把工件车成两头细中间粗的腰鼓形。为了防止上述现象发生，需要附加辅助支承。如图 2-15 所示即是用中心架支承车削细长工件或如图 2-16 所示跟刀架支承车削细长轴。

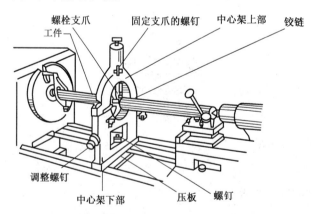

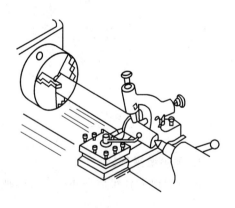

图 2-15　用中心架支承车削细长工件　　　　图 2-16　跟刀架支承车削细长轴

知识点二：钻中心孔

1. 中心孔的作用

较长的工件车削通常用顶尖定位。顶尖定位不仅方便，而且定位精度很高。用顶尖定位必须先在工件端面钻出中心孔。国家标准 GB/T 145—2001 规定中心孔有 A 型（不带护锥）、B 型（带护锥）、C 型（带螺孔）和 R 型（弧型）四种。A 型中心孔由圆柱和圆锥部分组成，如图 2-17 所示。圆锥角为 60°，中心孔前面的圆柱部分为中心钻公称尺寸。B 型中心孔是在 A 型的端面部分多一个 120°的圆锥保护孔，目的是保护 60°锥孔，如图 2-18 所示。

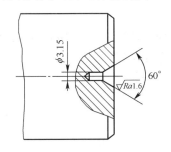

图 2-17　A 型中心孔

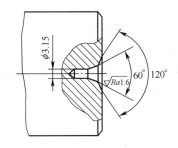

图 2-18　B 型中心孔

2. 中心钻的种类

常用中心钻有 A 型和 B 型两种，其形状及相应参数分别如图 2-19、图 2-20 所示。

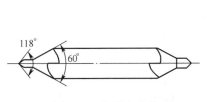

图 2-19　A 型中心钻

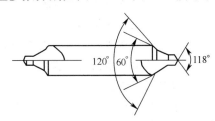

图 2-20　B 型中心钻

3. 中心孔的操作技能

（1）夹紧工件。

（2）车端面，不允许有凸台。

（3）将中心钻装夹在钻夹头内，套筒伸出 50 mm 左右，然后将尾座锁紧。

（4）调整主轴转速为 1 000 r/min 左右。

（5）试钻，看中心孔与工件轴线是否同轴。

（6）钻中心孔，中途退出 2～3 次。钻毕应停留中心钻在中心孔中 2～3 s，然后退出。

4. 容易出现的质量问题

（1）中心钻折断，原因是：端面留有凸台；工件转速过低；进给过快；中心钻与工件不同轴。

（2）中心孔形状或位置不正确，原因是：中心孔太深或太浅；中心孔位置钻偏或歪斜。

知识点三：车削台阶外圆的方法与步骤

台阶通常用 90°车刀车出，高台阶也可用 75°车刀先粗车，然后再用 90°车刀精车。

1. 确定台阶长度

（1）刻线痕法。

（2）床鞍刻度盘控制法

两种方法都有一定的误差，应比所需长度略短 0.5～1 mm，以留有精加工余地。

2. 机动进给粗车台阶外圆

（1）按粗车要求调整进给量、转速，调整切削深度进行试切削（同车外圆）。

（2）移动床鞍，使刀尖靠近工件时合上机动手柄。

（3）当刀尖距离终点 1～2 mm 时停止机动进给，改为手动进给车到终点，退出车刀。然后作第二次车削，依此类推。台阶长度和外圆各留精车余量 0.5～1 mm。

3. 精车台阶外圆和端面

（1）按精车要求调整切削速度和进给量。

（2）试切外圆，调整切削深度，尺寸符合要求后精车至台阶 1～2 mm，停止机动进给，改用手动进给车至终点时，刀尖从台阶面慢慢横向退出，将台阶面车平。

（3）检测台阶长度，用小滑板调整车端面的切削深度。

（4）由外向里精车端面。

（5）外圆上倒角。

【训练项目】

训练项目一：（讨论）分析如图 2-11 所示台阶轴零件图，拟定工艺路线。

训练目的：掌握根据零件图分析零件加工要求、拟定加工路线。

训练内容：1. 学生预习相关知识点。

2. 学生观看学习视频。

3. 学生在教师指导下分析零件图 2-11 和评价表 2-6。

4. 学生分组讨论，拟定加工工艺路线。

1. 技术要求分析

该零件直径尺寸按标注公差加工，长度方向尺寸按未标注公差查表来确定。由于零件要调头车削，要考虑消除接刀痕部分。所有锐边去毛刺，台阶根部要清角。

2. 加工路线拟定（参见表 2-5）

表 2-5　图 2-11 所示台阶轴的加工路线

工序	工步	工 序 内 容	工 作 地 点
1	1	检查毛坯尺寸	毛坯：ϕ40 mm×143 mm
2	1	装夹工件，伸出长度约 90 mm	车床
	2	车端面	
	3	钻中心孔	
	4	一夹一顶装夹工件	
	5	粗精车 ϕ36 mm、ϕ26 mm 外圆	
	6	倒角 C1.5（2 处）	
3	1	掉头装夹，夹 ϕ36 mm 外圆伸出长度约 90 mm	车床
	2	车端面并保证总长	
	3	钻中心孔	
	4	一夹一顶装夹工件	
	5	粗精车 ϕ36 mm、ϕ26 mm 外圆	
	6	倒角 C1.5（2 处）	
4	1	检验	

训练项目二：台阶轴加工操作训练。

训练目的：熟悉车床操作，台阶轴加工方法。

训练内容：1. 各组组长强调安全文明生产。

　　　　　2. 学生观看教师演示。

　　　　　3. 学生分组操作练习。

训练项目三：台阶轴加工质量检测。

训练目的：熟悉轴类零件检测项目与方法。

训练内容：1. 学生了解检测项目。

　　　　　2. 学生熟悉相应量具的使用方法。

　　　　　3. 学生测量工件并填表 2-6。

【任务完成评价表】

表 2-6　台阶轴加工评价表

学生姓名	班级	组别	日期

一、功能检查，目测检查，操作方法　　　　　　　　　　　　　　评分采用 10－9－7－5－0 分制

序号	零件号	检测项目	学生自测	教师检测
1	—	安全文明生产		
2	—	按图正确加工		
3	—	表面粗糙度		
4	—	毛刺去除恰当		
5	—	倒角 4 处		
	结果			

二、尺寸检测　　　　　　　　　　　　　　　　　　　　　　　　评分采用 10－0 分制

零件号	序号	图纸尺寸	公差	实际尺寸		分数
				学生自测	教师检测	
1	1	$\phi 36$	± 0.05			
	2	左端 $\phi 26$	$^{\ 0}_{-0.08}$			
	3	右端 $\phi 26$	$^{\ 0}_{-0.08}$			
	4	140	± 0.5			
	5	左端 30	± 0.2			
	6	右端 30	± 0.2			
	结果					

评分组	结果	因子	中间值	系数	成绩
功能、目测检查		0.5		0.3	
尺寸检测		0.6		0.7	

任务三　切断和车沟槽

学习目标：

知识目标：

1. 了解切断刀的种类和装夹要求

2. 掌握切断的方法及注意事项

能力目标：

熟练掌握切断和沟槽的操作技能

【工作任务展示】减速器输出轴如图 2-21 所示。

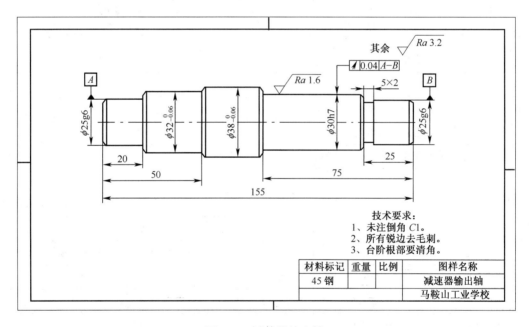

图 2-21　减速器输出轴

【工作任务分析】（见表 2-7）

表 2-7　工作任务分析

序号	工作流程	任务要求
1	分析台阶轴零件图	台阶轴的技术要求，材料、毛坯的选择
2	沟槽加工方案制定	拟定沟槽加工工艺路线
3	实际操作车床	严格按照操作规程完成沟槽车削加工
4	沟槽的质量检测	利用游标卡尺和千分尺、卡规样板检测沟槽加工质量
5	设备保养	要求学生按规定对机床进行保养，对场地进行清理、维护

【相关知识点】

知识点一：切断刀和切槽刀

1. 切断刀种类

在车床上把较长的工件切断成短料或将车削完成的工件从原材料上切下这种加工方法叫切断。

常用切断刀有高速钢切断刀（见图 2-22（a））、硬质合金切断刀（见图 2-22（b））、弹性切断刀（见图 2-22（c））。切断直径较小的工件一般选用高速钢或弹性切断刀。硬质合金切断刀适合于切割直径较大的工件或进行高速切削。弹性切断刀富有弹性，当进给过快时刀头在弹性刀杆的作用下会自动产生让刀，这样就不容易产生扎刀而折断车刀。

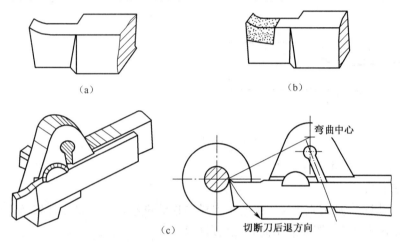

（a） （b）

（c）

图 2-22 切断刀种类

2. 切断刀的装夹要求

（1）切断实心工件，切断刀的主刀刃必须严格对准工旋转中心，刀头中心线与轴心线垂直。

（2）为了增强切断刀的刚性，刀杆不宜伸出过长，以防振动。

3. 沟槽种类

在工件表面上车沟槽的方法叫切槽，槽的形状有外沟槽、内沟槽和端面槽，如图 2-23 所示。

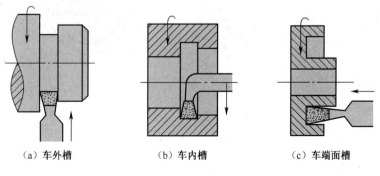

（a）车外槽 （b）车内槽 （c）车端面槽

图 2-23 沟槽种类

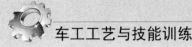
4. 切槽刀

切槽刀和切断刀的形状相似，只是刀头部分的宽度和刀头的长度有区别，有时两种车刀可以通用。切槽刀的几何形状和角度，如图 2-24 所示。切槽刀有高速钢和硬质合金两种，高速钢切槽刀较常用。

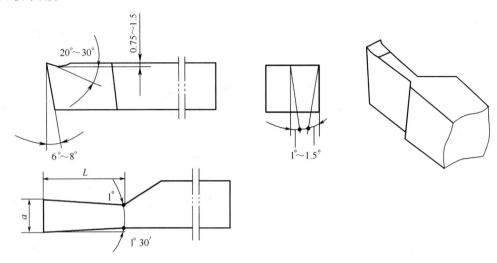

图 2-24　外沟槽刀基本角度

知识点二：切断的操作方法

1. 切断的三种方法

（1）用直进法切断。所谓直进法，是指车刀横向连续进给，一次将工件切断，如图 2-25（a）所示。这种方法节省材料，切断效率高，应用最广泛。

（2）左右借刀法切断。在工件、车床等刚性不足的情况下，可采用左右借刀法切断工件，如图 2-25（b）所示。这种方法是指切断刀横向和纵向轮番进给。

（3）反切法切断。反切法是主轴反转，车刀反向装夹，如图 2-25（c）所示。这种切断方法宜用于较大直径的工件，切削比较平稳，排屑比较顺利。但卡盘与主轴的连接部分必须有保险装置，否则卡盘会因倒车而脱离主轴，产生事故。

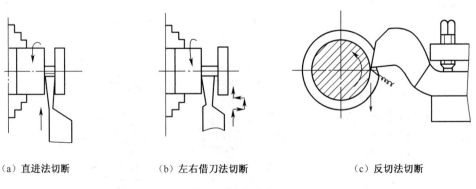

（a）直进法切断　　　　　（b）左右借刀法切断　　　　　（c）反切法切断

图 2-25　切断的方法

2. 切断的操作步骤

（1）准备工作。

a. 工件伸出长度要加上刀宽和刀具与卡盘的间隙约 5～6 mm，要用力夹紧。

b. 调整主轴转速，切削低碳钢，高速钢车刀切削速度约 15 m/min，硬质合金切断刀切削速度约 45 m/min。

c. 确定切断位置，用钢直尺一端靠在切断刀侧面，移动床鞍，使钢直尺量取的刻度与要切断的长度一致，固定床鞍。

d. 切断前应调整中、小滑板的间隙，一般宜紧一些为好。

（2）切断。开动机床，移动中滑板，进给速度要均匀不间断，直至将工件切断。一般不切到工件中心，约留 2～3 mm，然后将车刀退出，停车后将工件扳断。

3．切断时注意事项

（1）两顶尖或一夹一顶装夹工件不可将工件全部切断，以防切断时工件飞出伤人。

（2）切断应连续均匀进给，如果切不进去，要立刻退出，检查刀尖是否对准工件中心，是否锋利，不可强行进刀。

（3）发现切断表面凹凸不平或有明显的扎刀痕迹，应检查车刀刃磨或装夹是否正确，纠正后再切断。

（4）用左、右借刀法切断工件时，借刀宽度应均匀，借刀距离要一致。

（5）用高速钢刀切断工件时，应浇注冷却润滑液，这样可延长切断刀的使用寿命。

4．切断刀折断的主要原因

（1）工件装夹不牢靠、切割点远离卡盘，在切削力的作用下工件被抬起，造成刀头折断。

（2）切断时排屑不良，切屑堵塞，造成刀头载荷增大，使刀头折断。

（3）切断刀的副偏角、副后角磨的太大，切断刀前角过大。削弱了刀头强度、使刀头折断。

（4）进给量过大。

（5）切断刀装夹跟工件轴心线不垂直，主刀刃与轴心线高低不一致。

（6）床鞍、中、小滑板松动，切削时产生"扎刀"，致使切断刀折断。

知识点三：车削沟槽的操作方法

1．准备工作

（1）装夹车刀。要求主切削刃平行于工件轴线，否则槽底不平。

（2）调整主轴转速。车槽的切削速度略低于切断的切削速度。加冷却液可以延长刀具寿命，并使沟槽表面光洁。

2．车削方法

（1）确定沟槽的位置。如果沟槽在轴肩处，则直接由轴肩定位即可。非轴肩沟槽的定位方法。一种是用钢直尺测量车槽刀的位置；另一种方法是利用床鞍或小滑板的刻度盘控制车槽的位置。

（2）确定沟槽的宽度。一种是用刻线痕迹法。即在槽的两端位置用车刀刻出线痕作为车槽时的标记。另一种方法是用钢直尺直接量出沟槽位置，这种方法比较简便，但是必须弄清楚是否包括刀宽。

（3）粗车沟槽。两侧和槽底各留 0.5 mm 精车余量。粗车最后一刀应同时在槽底纵向进给一次，将槽底车平整。

（4）精车沟槽。精车沟槽应先车槽位置尺寸，然后再车宽度尺寸。先将槽一侧面精车至尺寸，然后车刀纵向进给精车槽底，最后精车槽宽，如图 2-26 所示。

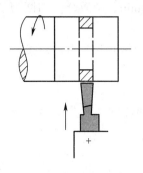 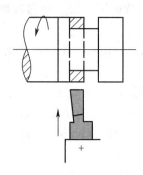 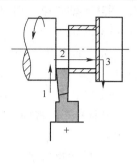

（a）第一次横向送进　　　　（b）第二次横向送进　　　　（c）最后一次横向送进后再以
纵向送进精车槽底

图 2-26　直沟槽的车削方法

知识点四：沟槽的检测方法

（1）目测项。主要检查沟槽是否存在槽底与轴线不平行、沟槽槽底凹凸不平、沟槽表面粗糙、沟槽未清根等质量缺陷。

（2）尺寸检测项。尺寸检测主要包括定位尺寸、定形尺寸。

精度低的沟槽可以用游标卡尺测量，精度高的沟槽可以用千分尺和卡规等测量，如图 2-27 所示。

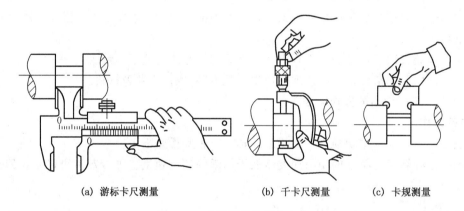

（a）游标卡尺测量　　　　　　（b）千卡尺测量　　　　（c）卡规测量

图 2-27　沟槽测量的基本方法

【训练项目】

训练项目一：（讨论）分析 2-21 台阶轴零件图，拟定工艺路线。

训练目的：掌握根据零件图分析零件加工要求、拟定加工路线。

训练内容：1. 学生预习相关知识点。

　　　　　2. 学生观看学习视频。

　　　　　3. 学生在教师指导下分析零件图 2-21 和评价表 2-9。

　　　　　4. 学生分组讨论，拟定加工工艺路线。

1. 技术要求

（1）尺寸精度。零件图中的 $\phi30h7$、$\phi25g6$ 要查表确定尺寸公差，长度方向尺寸都按未标注公差查表来确定。

（2）形状位置精度。要保证 ϕ30h7 对 $2\times\phi$25g6 的径向圆跳动公差 0.04 mm 的位置公差要求。

（3）表面粗糙度。车削加工时相应表面必须达到图纸标注的粗糙度要求。

（4）所有锐边去毛刺。台阶根部要清角。

2. 加工路线拟定（参考表 2-8）

表 2-8　图 2-21 所示减速器输出轴的加工路线

工序	工步	工 序 内 容	工 作 地 点
1	1	检查毛坯尺寸	毛坯：ϕ40 mm×158 mm
2	1	三爪卡盘装夹工件，夹毛坯外圆伸出长度约 90	车床
	2	车端面	
	3	钻中心孔	
	4	一夹一顶装夹工件	
	5	粗车 ϕ38 mm、ϕ32 mm、ϕ25g6 外圆，留精车余量	
3	1	掉头装夹，夹 ϕ38 mm 外圆伸出长度约 85 mm	车床
	2	车端面	
	3	钻中心孔	
	4	一夹一顶装夹工件	
	5	粗车 ϕ30h7、ϕ25g6 外圆，留精车余量	
4	1	两顶尖装夹工件	车床
	2	精车 ϕ38 mm、ϕ32 mm、ϕ25g6 外圆	
	3	用 45°车刀倒角 C1（3 处）	
	4	掉头装夹，精车 ϕ30h7、ϕ25g6 外圆	
	5	用 45°车刀倒角 C1（3 处）	
5	1	车定位尺寸 25 mm 的 5×2 沟槽	车床
6	1	检验	—

训练项目二：沟槽加工操作训练。

训练目的：熟悉沟槽加工方法。

训练内容：1. 各组组长强调安全文明生产。

　　　　　2. 学生观看教师演示。

　　　　　3. 学生分组操作练习。

训练项目三：沟槽加工质量检测。

训练目的：熟悉沟槽检测项目与方法。

训练内容：1. 学生了解检测项目。

　　　　　2. 学生熟悉相应量具的使用方法。

　　　　　3. 学生测量工件并填表 2-9。

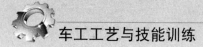

【任务完成评价表】

表 2-9 减速器输出轴加工评价表

学生姓名		班级		组别		日期	

一、功能检查，目测检查，操作方法 　　　　　　　　　　　　评分采用 10－9－7－5－0 分制

序号	零件号	检测项目	学士自测	教师检测
1	—	安全文明生产		
2	—	按图正确加工		
3	—	表面粗糙度		
4	—	倒角 6 处		
5	—	沟槽槽底平直		
	结果			

二、尺寸检测 　　　　　　　　　　　　　　　　　　　　　　评分采用 10－0 分制

零件号	序号	图纸尺寸	公差	实际尺寸		分数
				学生自测	教师检测	
1	1	$\phi 38$	$^{\ 0}_{-0.06}$			
	2	$\phi 32$	$^{\ 0}_{-0.06}$			
	3	$\phi 30h7$	$^{+0.021}_{\ 0}$			
	4	左端 $\phi 25g6$	$^{-0.007}_{-0.020}$			
	5	右端 $\phi 25g6$	$^{-0.007}_{-0.020}$			
	6	155	± 0.5			
	7	50	± 0.3			
	8	20	± 0.2			
	9	75	± 0.3			
	10	25	± 0.2			
	11	↗ 0.04 A-B	0.04			
	12	5	± 0.1			
	13	2	± 0.1			
	结果					

评分组	结果	因子	中间值	系数	成绩
功能、目测检查		0.5		0.3	
尺寸检测		1.3		0.7	

项目三

套类零件加工

任务一 钻 孔

学习目标：

　　知识目标：

　　1. 了解麻花钻的构造

　　2. 了解麻花钻的刃磨要求

　　3. 掌握钻孔操作方法和产生废品原因

　　4. 掌握钻孔操作注意事项

　　5. 了解在车床上扩孔及铰孔的方法

　　技能目标：

　　掌握钻孔的操作技能

【工作任务展示】套类零件的加工要求如图 3-1 所示。

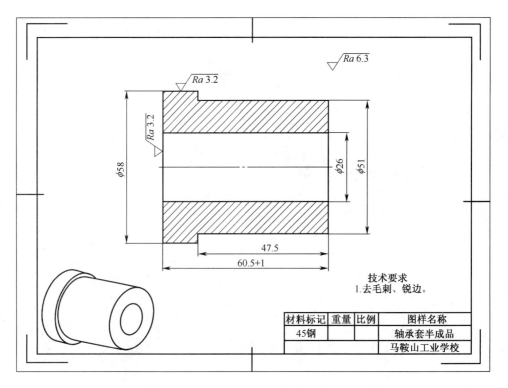

图 3-1 套类零件图

【工作任务分析】（见表 3-1）

表 3-1 工作任务分析栏

序号	工 作 流 程	任 务 要 求
1	分析轴承套阶段零件图	套类零件的技术要求，材料、毛坯的选择
2	轴承套半成品加工方案制定	拟定轴承套半成品加工工艺路线
3	实际操作车床	严格按照操作规程完成轴承套半成品车削加工和钻孔经过
4	轴承套半成品质量检测	利用游标卡尺、表面粗糙度样板等检测轴承套半成品加工质量
5	设备保养	要求学生按规定对机床进行保养，对场地进行清理、维护

【相关知识点】

知识点一：麻花钻的构造和几何形状

1. 标准麻花钻的组成

标准麻花钻由三个部分组成，分别是装夹部分、颈部、工作部分，如图 3-2 所示。

（1）装夹部分：钻头的尾部，按麻花钻直径的大小，分为直柄（直径＜12 mm）和锥柄（直径＞12 mm）两种。

（2）颈部：工作部分和尾部间的过渡部分，供磨削时砂轮退刀和打印标记用。直柄钻头没有颈部。

（3）工作部分：钻头的主要部分，前端为切削部分；后端为导向部分，起引导钻头的作用。

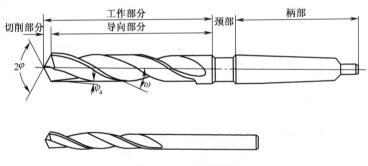

图 3-2 麻花钻的组成

2. 麻花钻几何形状

麻花钻的主要几何形状包括主切削刃、前刀面、主后刀面、副切削刃、副后刀面、横刃、螺旋角、顶角 $2k_r$、横刃斜角 ψ 等，如图 3-3 所示。标准麻花钻的顶角为 118°，横刃斜角为 55°。

知识点二：麻花钻的刃磨要求

1. 麻花钻的刃磨要求

（1）两条主切削刃要对称。

（2）横刃斜角为 55°。

（3）顶角为 118°，如图 3-4（a）所示。

2. 麻花钻刃磨质量对钻孔的影响

刃磨不准确的麻花钻有：顶角不对称、顶角对称但切削刃长度不等、顶角不对称且切削刃长度不相等几种情况。

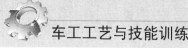

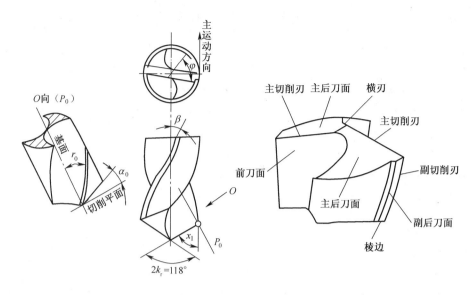

图 3-3 麻花钻的几何形状

（1）顶角不对称：只有一个切削刃工作，受力不平衡，会使孔扩大和倾斜，如图 3-4（b）所示。

（2）顶角对称但切削刃长度不等：钻出孔必定大于尺寸，如图 3-4（c）所示。

（3）顶角不对称且切削刃长度不相等：钻出的孔不仅会扩大，还会有台阶，如图 3-4（d）所示。

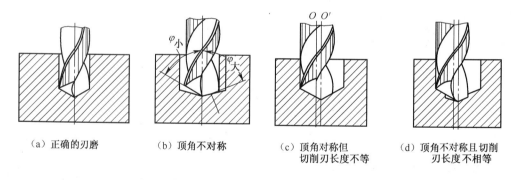

（a）正确的刃磨   （b）顶角不对称   （c）顶角对称但   （d）顶角不对称且切削
                                            切削刃长度不等   刃长度不相等

图 3-4 麻花钻刃磨质量对钻孔的影响

3. 麻花钻的检测

刃磨麻花钻时，通常采用目测检查，如图 3-5 所示。其方法是把钻头垂直竖在与眼睛等高的位置上，在明亮的背景下用肉眼观察两刃的长短和高低以及它的后角等。但由于视差关系，往往会感到左刃高、右刃低，此时就要把钻头转过 180°再进行观察。这样反复观察对比，最后觉得两刃基本对称，就可使用。

知识点三：钻孔操作

1. 钻头的选择与装夹

（1）钻头的选择。对于精度要求不高的孔可以选择相应的钻头直接钻出；对于精度要求高或

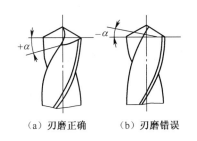
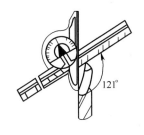

（a）刃磨正确　　　（b）刃磨错误

图 3-5　麻花钻检测

直径大的孔，可以采用先钻孔、后扩孔、再车孔的方法进行加工。

（2）钻头的装夹。

a. 直柄麻花钻可以直接装夹在钻夹上，然后把钻夹装入在层座的锥孔中，如图 3-6 所示。

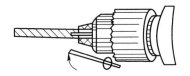

图 3-6　直柄麻花钻装夹

b. 锥柄麻花钻可以用莫氏锥套（变径套）插入尾座的锥孔中，如图 3-7 所示；图 3-8 所示为莫氏锥套。

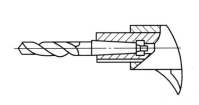
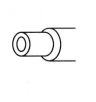

图 3-7　锥柄麻花钻装夹　　　　　　图 3-8　莫氏锥套

c. 较大的钻头可以直接插入尾座锥孔中。

d. 专用的钻孔夹具可装夹在刀架上进行钻孔，如图 3-9 所示。

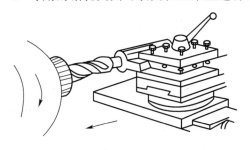
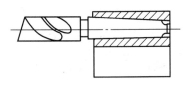

图 3-9　专用的钻孔夹具

2. 钻孔方法和步骤

（1）准备工作。

a. 细长钻头钻孔应该先钻中心孔定心。

b. 根据孔径选择钻头。

c. 装夹钻头，注意尾座套筒伸出尽可能短。

d. 移动尾座，使钻头靠近工件端面，锁紧尾座。

e. 根据钻头直径调整主轴转速。高速钢钻头钻钢件时，$v_c \leqslant 25$ m/min，钻铸铁时主轴转速比转钢件时的转速略低。

（2）钻通孔。

a. 试钻，检查切削是否均匀正常。如果切屑从切削刃一边向外排出，则要卸下钻头重新修磨。

b. 钻孔，并观察排屑是否顺利。

c. 即将钻通时，减慢进给。

d. 退出钻头，停车。

（3）钻不通孔与钻通孔基本方法相同，不同的是要控制孔的深度。

a. 在钻头上做记号，从而控制孔深度。

b. 钻孔，达到所需孔深度时，退出钻头，停车。

3. 钻孔操作注意事项

（1）在钻孔前，必须把端面车平。

（2）钻头装入尾座套筒后，必须检查钻头是否对准工件中心。否则会将孔车大，或将钻头折断。

（3）起钻时进给量要小，等钻头切削部分全部进入工件后才可以正常钻削。

（4）钻通孔时在钻透前进给量要小，防止钻头折断。

（5）钻小孔时或钻较深孔时，必须经常清除切屑，防止因切屑过多而造成钻头折断。

（6）钻钢件须加注切削液以防钻头发热退火。

（7）当使用细长钻头钻孔时，事前应该用中心钻钻出一个定心孔。

4. 钻孔产生废品的原因

（1）孔尺寸扩大，钻头两主切削刃不对称或尾座中心偏离主轴中心。

（2）孔钻偏，工件装夹未找正或钻孔时为采取定心措施导致钻头偏斜。

知识点四：在车床上扩孔

在车床上常用的扩孔工具有扩孔钻和麻花钻。一般精度的直接选用合适直径的麻花钻扩孔，而精度较高时，则选用扩孔钻。

1. 扩孔钻的结构

（1）扩孔钻切削部分按材料：有高速钢和硬质合金两种，如图 3-10 所示。

（2）扩孔钻按柄部分：有直柄和锥柄。

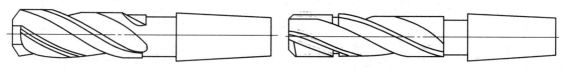

（a）高速钢扩孔钻 　　　　　　　　　　（b）硬质合金扩孔钻

图 3-10　扩孔钻

2. 扩孔钻的特点

（1）扩孔钻通常有 3～4 个切削刃，导向好，切削平稳。

（2）扩孔钻没有横刃，避免了切削不利。

（3）扩孔钻切削深度较小，则切削少，加工质量较好。

用扩孔钻扩孔常用作铰孔精加工前的半精加工，它的作用主要是校正孔的轴向偏差，使其得到较高的几何形状，例如圆度。

知识点五：在车床上铰孔

铰孔是用铰刀对孔精加工的一种方法。铰孔操作简便，效率高，加工精度稳定，常用于孔精加工的批量生产。

1. 铰刀组成

铰刀由工作部分、颈部和柄部组成，如图 3-11 所示。按用途可分为机用铰刀和手用铰刀，按材质可分为高速钢铰刀和硬质合金铰刀。

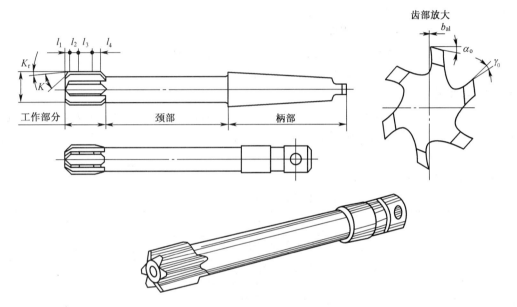

图 3-11　铰刀组成

2. 铰孔方法与步骤

（1）准备工作。

a. 选用和装夹铰刀。为保证同轴度，常采用浮动套筒来装夹铰刀，如图 3-12 所示。

b. 内孔留精铰余量。高速钢铰刀为 0.08～0.12 mm，硬质合金铰刀为 0.15～0.20 mm。

c. 找正尾座中心位置。

d. 调整主轴转速。一般小于 5 m/min。

e. 准备好切削液。

（2）铰孔的方法。

a. 使铰刀引导部分轻轻进入孔口。

b. 开车，加充分冷却液，双手摇动尾座手轮，均匀进给。

c. 到达所需深度后，主轴保持顺转，切不可反转。尾座手轮反转，退出铰刀。

d. 内孔擦净，用塞规检查孔径。

【训练项目】

训练项目一：（讨论）分析钻孔零件图，拟定工艺路线。

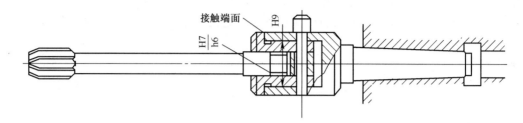

图 3-12　用浮动套筒来装夹铰刀

训练目的：掌握根据零件图分析钻孔加工要求、拟定加工路线。

训练内容：1. 学生预习相关知识点。

2. 学生观看学习视频。

3. 学生在教师指导下分析图 3-1 所示零件图和评价表 3-3。

4. 学生分组讨论，拟定加工工艺路线。

1. 技术要求分析

（1）尺寸精度。零件图中标注公差按要求来加工，其余尺寸都按未标注公差查表来确定。

（2）表面粗糙度。车削加工时相应表面必须达到图纸标注的表面粗糙度要求。

（3）所有锐边去毛刺。

2. 加工路线拟定（参考表 3-2）

表 3-2　图 3-1 零件的加工路线

工序	工步	工 序 内 容	工 作 地 点
1	1	检查毛坯尺寸	毛坯：ϕ60 mm×62 mm
2	1	三爪卡盘装夹工件，夹毛坯长 10 mm 伸出长约 50 mm	车床
	2	车端面平毛坯面	
	3	钻中心孔	
3	1	一夹一顶	车床
	2	粗车外圆至 ϕ51 mm×47.5 mm	
4	1	掉头用三爪卡盘装夹，伸出长 30	
	2	车左端面	
	3	车 ϕ58 mm 外圆至尺寸	
	4	钻孔 ϕ26 mm	
5	1	去毛刺检验	—

训练项目二：钻孔加工操作训练。

训练目的：熟悉钻孔加工方法。

训练内容：1. 各组组长强调安全文明生产。

2. 学生观看教师演示。

3. 学生分组操作练习。

【任务完成评价表】（见表 3-3）

表 3-3　轴承套半成品加工评价表

学生姓名		班级		组别		日期	

一、功能检查，目测检查，操作方法　　　　　　　　　　　　　　评分采用 10－9－7－5－0 分制

序号	零件号	检测项目	学生自测	教师检测
1	—	安全文明生产		
2	—	按图正确加工		
3	—	表面粗糙度		
4	—	毛刺去除恰当		
	结果			

二、尺寸检测　　　　　　　　　　　　　　　　　　　　　　　　　评分采用 10－0 分制

零件号	序号	图纸尺寸	公差	实际尺寸		分数
				学生自测	教师检测	
1	1	$\phi60$	±0.3			
	2	$\phi51$	±0.3			
	3	$\phi26$	±0.2			
	4	60	＋2			
	5	47.5	±0.3			
	结果					

评分组	结果	因子	中间值	系数	成绩
目测检查		0.4		0.3	
尺寸检测		0.5		0.7	

任务二　车孔和内沟槽

学习目标：

知识目标：

1. 了解套类零件的装夹方法

2. 了解内孔车刀的种类

3. 掌握内孔车刀的安装方法

4. 掌握内孔的加工方法

5. 掌握内沟槽加工方法

能力目标：

1. 掌握内孔和内沟槽的车削技能

2. 掌握内孔和内沟槽的检测方法

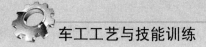
【**工作任务展示**】轴承套的立体图如图 3-13 所示。轴承套工作任务图样如图 3-14 所示。

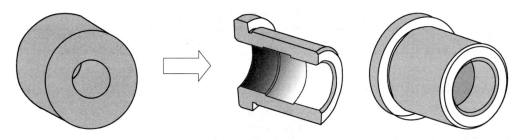

图 3-13 轴承套立体图

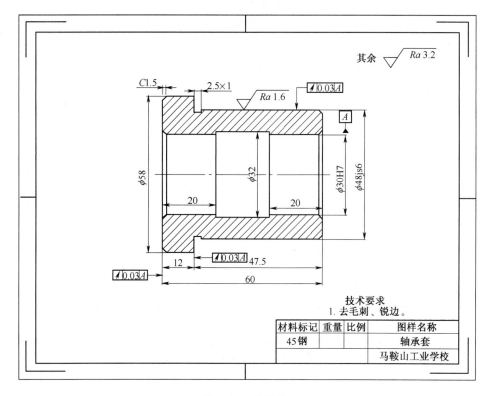

图 3-14 轴承套

【**工作任务分析**】（见表 3-4）

表 3-4 工作任务分析栏

序号	工 作 流 程	任 务 要 求
1	分析轴承套零件图	套类零件的技术要求，材料、毛坯的选择
2	轴承套加工方案制定	拟定轴承套加工工艺路线
3	实际操作车床	严格按照操作规程完成轴承套车削加工
4	轴承套质量检测	利用游标卡尺、内径千分尺和表面粗糙度样板等检测轴承套加工质量
5	设备保养	要求学生按规定对机床进行保养，对场地进行清理、维护

【相关知识点】

知识点一：内孔车刀的种类

内孔车刀又叫镗孔刀、镗刀。

1. 根据刀片和刀杆固定形式镗孔的分类

根据刀片和刀杆的固定形式，镗刀分为整体式和机械夹固式

（1）整体式镗刀。整体式镗刀一般分为高速钢和硬质合金两种。高速钢镗刀的刀头、刀杆都是高速钢制成。硬质合金镗刀，只是在切削部分焊接上一块合金刀头片，其余部分都是用碳素钢制成，如图 3-15 所示。

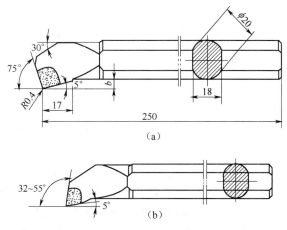

（a）

（b）

图 3-15　整体式镗刀

（2）机械夹固式镗刀。由刀排、小刀头、紧固螺钉组成，如图 3-16 所示。其特点是能增加刀杆强度，节约刀杆材料，既可安装高速钢刀头，也可安装硬质合金刀头。使用时可根据孔径选择刀排，因此比较灵活方便。

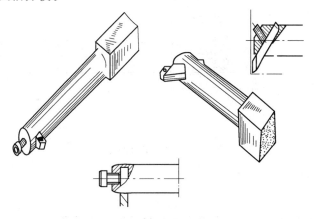

图 3-16　机械夹固式镗刀

2. 由主偏角镗刀的分类

根据主偏角分为通孔和盲孔镗刀

通孔镗刀与 75°外圆车刀类似，主偏角一般取 60°～75°，如图 3-17（a）所示。盲孔镗刀与 90°外圆车刀类似，主偏角一般取 92°～95°，如图 3-17（b）所示。为防止车刀后刀面与孔壁摩

擦，内孔车刀后刀面一般磨成两个后角。

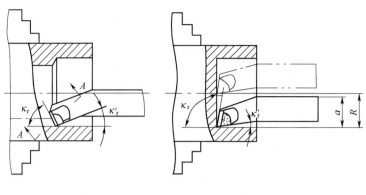

（a）通孔镗刀　　　　　　　　（b）盲孔镗刀

图 3-17　通孔镗刀和盲孔镗刀

知识点二：内孔车刀的安装

内孔车刀在安装时应注意以下几点：

（1）内刀刀尖应对准工件中心或略高一些，这样可以避免镗刀受到切削压力下弯产生扎刀现象，而把孔镗大。

（2）刀杆应与工件轴心平行，避免车到一定深度后与工件孔壁相碰，如图 3-18 所示。

（3）为了防止振动，刀杆伸出长度应尽可能短一些，一般比工件孔深长 5～10 mm。

（4）通常在内孔前把内孔车刀在孔内试走一遍，保证镗孔过程顺利。

（5）加工台阶孔时，主刀刃应和端面成 3°～5°的夹角，在镗削内端面时，要求横向有足够的退刀余地。

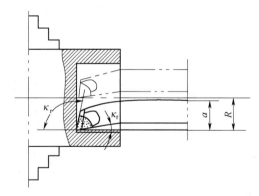

图 3-18　内孔车刀的安装

知识点三：车孔的加工方法

1. 通孔

加工方法基本与外圆相似，只是进刀方向相反；粗精车都要进行试切，也就是根据余量的一半横向进给，当镗刀纵向切削至 2 mm 左右时纵向退出镗刀（横向不动），然后停车检测。反复进行，直至符合孔径精度要求为止。

2. 阶台孔

粗车小孔和大孔，留 0.5 mm 精车余量。精车小孔及大孔至尺寸。

3. 控制孔深度的方法

粗车时采用使用钢尺、床鞍刻度盘及刀杆上刻线来控制。精车时用深度游标卡尺或深度千分尺配合小滑板刻度盘来控制。

4. 控制内径的方法

车削内孔用中滑板刻度盘来控制孔径，方法和车外圆类似，只是进刀要注意方向相反。粗车用游标卡尺检测，精车试切时用内卡钳或塞规、内径千分尺、内径百分表检测。表面粗糙度用目测检查。

5. 车内孔的注意事项

由于车孔的关键技术是解决内孔车刀的刚性和排屑问题。所以要注意以下几点：

（1）尽量增加刀杆的截面积。

（2）刀杆的伸出长度尽可能缩短。

（3）内孔车刀的后面一般磨成两个后角的形式。

（4）通孔的内孔车刀最好磨成正刃倾角。

知识点四：内沟槽加工方法

1. 内沟槽种类

常用的内沟槽有退刀槽、密封槽、定位沟槽、通气槽、油沟槽等，如图 3-19 所示。

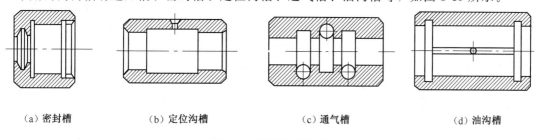

（a）密封槽　　　　　（b）定位沟槽　　　　　（c）通气槽　　　　　（d）油沟槽

图 3-19　常用的内沟槽

2. 内沟槽车刀

内沟槽车刀有整体式内沟槽刀和机械夹固式内沟槽刀两类，分别如图 3-20（a）和图 3-20（b）所示。

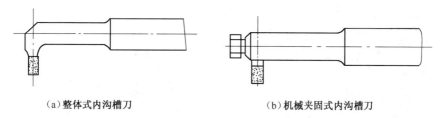

（a）整体式内沟槽刀　　　　　　　　（b）机械夹固式内沟槽刀

图 3-20　内沟槽车刀

3. 内沟槽车削加工

（1）特点：车内沟槽的方法和车削内孔相同，只是车内沟槽时的工作条件比车削内孔时更困难。原因是刀杆直径比车削内孔时所用的尺寸要小，刚性更差，排屑更困难。

（2）尺寸控制：窄沟槽可以用等宽的切削刃一次车出，宽沟槽分几刀车出。如果沟槽很浅，宽度又很宽，可以采用纵向进给的方法。轴向位置尺寸用床鞍和小滑板配合控制，槽深度用中滑板控制。对刀时，注意沟槽刀主切削刃宽度的影响。例如，图 3-21 中车刀应移动的距离是 $L+b$，而不是 L。

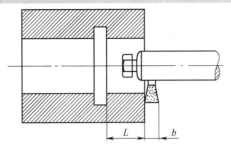

图 3-21　内沟槽轴向尺寸控制

知识点五：套类零件的检验方法

孔的尺寸精度要求较低时，可采用钢直尺或游标卡尺测量。精度要求较高时，可以用以下几种方法：

（1）内卡钳　孔口试车或空间狭小时，用内卡钳测量非常方便。和外径千分尺配合，可以测精度等级不是很高的孔径，如图 3-22 所示。

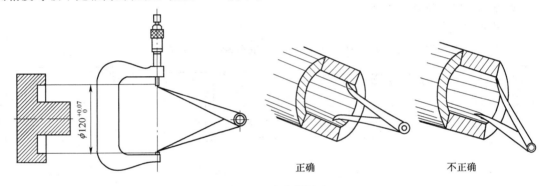

图 3-22　内卡钳用法

（2）塞规　塞规有通端和止端组成，如图 3-23 所示。分别等于孔的最小极限尺寸和最大极限尺寸。测孔直径时，一要等到工件冷却到室温再测量。二要和孔的轴线一致，不可歪斜测量，一般靠自重自由通过，切不可强行通过。

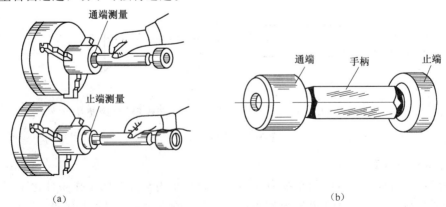

（a）　　　　　　　　　　　　　　　　　　（b）

图 3-23　塞规用法及结构

（3）内测千分尺　使用方法与游标卡尺测内径方法相同，如图 3-24 所示。

（4）内径百分表　适合测量精度要求高而且孔深度较大的孔。测量时，应在孔内摆动，如

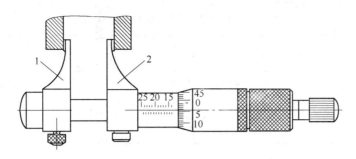

图 3-24　内侧千分尺及使用

1—固定爪；　2—活动爪

图 3-25 所示。在直径方向找出最大值，在轴向找出最小值，如图 3-26 所示。两个尺寸重合，就是该孔实测尺寸。

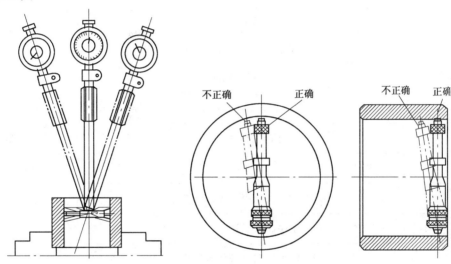

图 3-25　内径百分表的测量方法　　　　图 3-26　内径百分表的测量时注意点

【训练项目】

训练项目一：（讨论）分析轴承套零件图，拟定工艺路线。

训练目的：掌握根据图 3-26 所示零件图分析零件加工要求、拟定加工路线。

训练内容：1. 学生预习相关知识点。

2. 学生观看学习视频。

3. 学生在教师指导下分析图 3-14 所示零件图和评价表 3-6。

4. 学生分组讨论，拟定加工工艺路线。

1. 技术要求分析

（1）尺寸精度。零件图中标注公差按要求来加工，其余尺寸都按未标注公差查表来确定。

（2）形状位置精度。要保证 $\phi58$ 左端面和 $\phi48j6$ 外圆及台阶面相对 $\phi30H7$ 内孔轴线的径向圆跳动公差 0.03 mm 的位置公差要求。

（3）表面粗糙度。车削加工时相应表面必须达到图纸标注的表面粗糙度要求。

（4）所有锐边去毛刺。

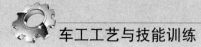

2. 加工路线拟定（参考表 3-5）

表 3-5　轴承套的加工路线

工序	工步	工 序 内 容	工 作 地 点
1	1	检查毛坯尺寸	毛坯：ϕ60 mm×62 mm
2	1	三爪卡盘装夹工件，夹毛坯长 10 mm 伸出长约 50 mm	车床
	2	车端面平毛坯面	
	3	钻中心孔	
3	1	一夹一顶	车床
	2	粗车 ϕ48 mm 外圆至 ϕ50 mm×47.5 mm	
4	1	掉头用三爪卡盘装夹，伸出长 30 mm	车床
	2	车左端面	
	3	车 ϕ58 mm 外圆至尺寸	
	4	钻孔 ϕ26 mm	
5	1	车孔 ϕ30H7	车床
	2	车内沟槽 ϕ32 mm	
	3	倒角两处	
6	1	工件掉头，用胀式心轴装夹	车床
	2	车端面保证总长 60 mm	
	3	精车 ϕ48js6 外圆至尺寸	
	4	车外沟槽 2.5×1	
	5	倒角 3 处，去毛刺	
7	1	去毛刺检验	—

训练项目二：轴承套加工操作训练。

训练目的：熟悉轴承套加工方法。

训练内容：1. 各组组长强调安全文明生产。

　　　　　2. 学生观看教师演示。

　　　　　3. 学生分组操作练习。

训练项目三：轴承套加工质量检测。

训练目的：熟悉套类零件检测项目与方法。

训练内容：1. 学生了解检测项目。

　　　　　2. 学生熟悉相应量具的使用方法。

　　　　　3. 学生测量工件并填表。

【任务完成评价表】（见表 3-6）

表 3-6　轴承套加工评价表

学生姓名		班级		组别		日期	

一、功能检查，目测检查，操作方法　　　　　　　　　　评分采用 $10-9-7-5-0$ 分制

序号	零件号	检测项目	学生自测	教师检测
1	—	安全文明生产		
2	—	按图正确加工		
3	—	表面粗糙度		
4	—	毛刺去除恰当		
5	—	倒角 5 处		
结果				

零件号	序号	图纸尺寸	公差	实际尺寸		分数
				学生自测	教师检测	
1	1	$\phi 58$	± 0.3			
	2	$\phi 48 js6$	± 0.008			
	3	$\phi 30 H7$	$^{+0.025}_{0}$			
	4	$\phi 32$	± 0.3			
	5	60	± 0.3			
	6	12	± 0.2			
	7	左端 20	± 0.2			
	8	右端 20	± 0.2			
	9	2.5	± 0.1			
	10	1	± 0.1			
	11	左端面 ⟋ 0.03 A	0.03			
	12	$\phi 48 js6$ 外圆 ⟋ 0.03 A	0.03			
结果						

评分组	结果	因子	中间值	系数	成绩
功能、目测检查		0.5		0.3	
尺寸检测		1.2		0.7	

项目四

圆锥类零件加工

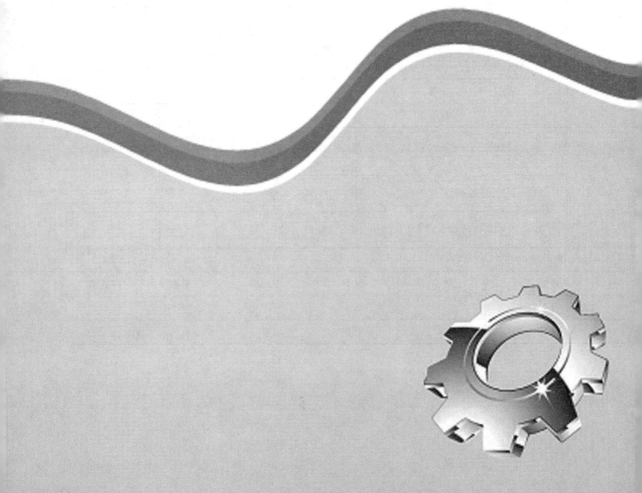

任务一 车削外圆锥零件

学习目标：

　知识目标：

　1. 掌握转动小滑板法车圆锥小滑板转动方向和角度的确定

　2. 掌握偏移尾座法车圆锥及尾座偏移量 S 的计算

　能力目标：

　熟知转动小滑板法和偏移尾座法车圆锥的优缺点及适用场合

【工作任务展示】 莫氏内外圆锥的立体图如图 4-1 所示，莫氏外圆锥零件图如图 4-2 所示。

图 4-1　莫氏内外圆锥立体图

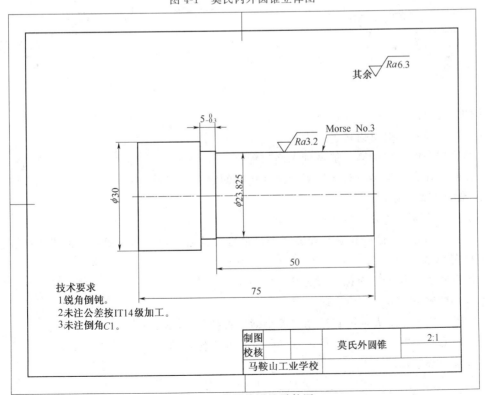

图 4-2　莫氏外圆锥零件图

【工作任务分析】（见表 4-1）

表 4-1　工作任务分析栏

序号	工 作 流 程	任 务 要 求
1	分析莫氏锥柄零件图	莫氏锥柄的技术要求，材料、毛坯的选择
2	莫氏锥柄加工方案制定	拟定莫氏锥柄加工工艺路线
3	实际操作车床	严格按照操作规程完成莫氏锥柄零件车削加工
4	圆锥质量检测	利用万能角度尺检测圆锥或者利用标准莫氏锥套检测
5	设备保养	要求学生按规定对机床进行保养，对场地进行清理、维护

【相关知识点】

知识点一：圆锥基本知识。

1. 常见的一些圆锥类零件

在机床和工具中，有许多使用圆锥配合的场合，例如车床主轴锥孔与顶尖的配合，车床尾座锥孔与麻花钻锥柄的配合等，如图 4-3 所示。

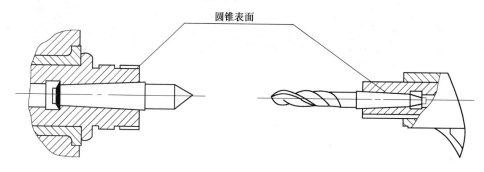

图 4-3　圆锥类零件

2. 圆锥面的特点

（1）当圆锥角较小时可以传递很大扭矩。

（2）圆锥配合同轴度较高，能做到无间隙配合。

（3）装卸方便，虽经多次装卸，仍能保证精确的定心作用。

3. 圆锥的基本参数

图 4-4 所示为圆锥的基本参数。

（1）圆锥半角 $\alpha/2$：圆锥角 α 是在通过圆锥的轴线的截面内，两条素线间的夹角。在车削时经常用到的是圆锥半角 $\alpha/2$。

（2）最大圆锥直径 D：简称大端直径。

（3）最小圆锥直径 d：简称小端直径。

（4）圆锥长度 L：最大圆锥直径处与最小圆锥直径处的轴向距离。

（5）锥度 C：圆锥大、小端直径之差与圆锥长度之比，即

（6）圆锥总长：

$$C=（D-d）/L$$

锥度 C 确定后，圆锥半角 $\alpha/2$ 则能计算出。因此，圆锥半角 $\alpha/2$ 与锥度 C 属于同一基本参数。

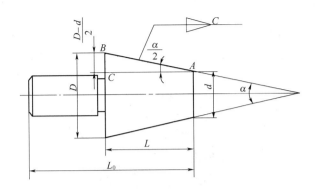

图 4-4　圆锥的基本参数

知识点二：常用标准圆锥

1. 莫氏圆锥

莫氏圆锥是机器制造业中应用最广泛的一种，如车床主轴锥孔、顶尖、钻头柄、铰刀柄等都是莫氏圆锥。莫氏圆锥分为 0、1、2、3、4、5 和 6 号七种，最小的是 0 号，最大的是 6 号。相关圆锥角度见表 4-2。

表 4-2　莫氏圆锥角度

号数	锥度	外锥大径 D	圆锥角
0	$1:19.212=0.05205$	9.045	$2°58'54''$
1	$1:20.047=0.04988$	12.065	$2°51'26''$
2	$1:20.020=0.04995$	17.78	$2°51'41''$
3	$1:19.922=0.050196$	23.825	$2°52'32''$
4	$1:19.254=0.051938$	31.267	$2°58'31''$
5	$1:19.002=0.0526265$	44.399	$3°0'53''$
6	$1:19.180=0.052138$	63.348	$2°59'12$

2. 米制圆锥

米制圆锥可以分为 4、6、8、100、120、140、160 和 200 号八种，其中 140 号较少采用。它们的号码表示的是大端直径，锥度固定不变，即 $C=1:20$。例如 200 号米制圆锥的大端直径为 $\phi 200$ mm，锥度为 $C=1:20$。米制圆锥的优点是锥度不变，记忆方便。

知识点三：转动小滑板车削圆锥的方法

1. 转动小滑板车削圆锥

是指将小滑板转动一个圆锥半角 $\alpha/2$，采取用小滑板进给的方式，使车刀的运动轨迹与所要车削的圆锥素线平行，如图 4-5 所示。

2. 加工锥度的方法

（1）百分表小验锥度法。尾座套筒伸出一定长度，涂上显示剂，在尾座套筒上取一定尺（一般应长于锥长），百分表装在小滑板上，根据锥度要求计算出百分表在定尺上的伸缩量，然后紧固小滑板螺钉。此种方法一般不需试切削。

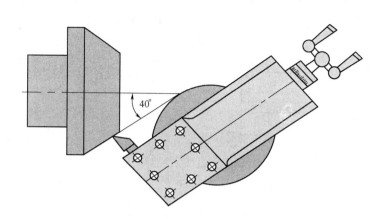

图 4-5 转动小滑板法车外圆锥

（2）空对刀法。利用锥比关系先把锥度调整好，再车削。此方法是先车外圆，在外圆上涂色，取一个合适的长度并划线，然后调小滑板锥度，紧固小滑板螺钉，摇动中滑板使车刀轻微接触外圆，并摇动小滑板使其从线的一端到另一端后，摇动中滑板前进刀具并记住刻度盘刻度，并计算锥比关系，如果中滑板前进的刻度在计算值±0.1格，则小滑板锥度合格；如果中滑板前进的刻度大了，则说明锥度大了；如果中滑板前进的刻度小了，则说明锥度小。

3. 车锥体尺寸的控制方法

（1）计算法：$a_p = a \times C/2$。

式中　　a_p——切削深度；

　　　　a——锥体剩余长度；

　　　　C——锥度。

（2）移动床鞍法。根据量出长度 a，使车刀轻轻接触工件小端表面，接着移动小滑板，使车刀离开工件平面一个 a 的距离，然后移动床鞍使车刀同工件平面接触，这时虽然没有移动中滑板，但车刀以切入一个需要的深度。

知识点四：偏移尾座法

偏移尾座的基本原理

采用偏移尾座法车外圆锥面，必须将工件用两顶尖装夹，把尾座向里（车正外圆锥面）或向外（车倒外圆锥面）横向移动一段距离 S 后，使工件回转轴线与车床主轴轴线相交，并使其夹角等于工件圆锥半角 $\alpha/2$。由于床鞍是沿平行于主轴轴线的进给方向移动的，工件就车成了一个圆锥体，如图 4-6 所示。

知识点五：圆锥的测量方法

对于相配合的锥度和角度工件，根据用途不同、规定不同的锥度公差和角度公差。圆锥的检测主要是指圆锥角度和尺寸精度的检测。

1. 万能角度尺进行检测

游标万能角度尺由主尺 1；角尺 2；游标 3；锁紧装置 4；基尺 5；直尺 6 等组成，如图 4-7 所示。它可以测量 0°～320°的任意尺寸。测量时基尺带着主尺沿着游标转动。

2. 用涂色法检验

对于标准圆锥或者配合精度较高的圆锥的圆锥工件，一般可以使用圆锥套规（见图 4-8）和圆锥塞规进行检测。

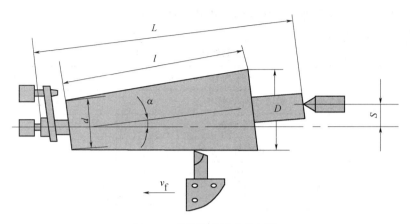

图 4-6 偏移尾座法车外圆锥

用圆锥套规检测外圆锥时，要求工件和套规表面清洁，工件外圆锥表面粗糙度小于3.2，无毛刺。检测时，首先在工件表面顺着圆锥素线薄而均匀的图上 3 条显示剂，然后手握套规轻轻地套在工件上，稍加轴向推力，并将套规转动半圈，最后取下套规，观察工件表面显示剂擦去情况，如图 4-9 所示。若三条显示剂擦去痕迹均匀，表面圆锥接触良好，说明锥度正确；若小端擦去，大端未擦去，则说明圆锥角小了；若大端擦去，小端未擦去，则说明圆锥角大了。

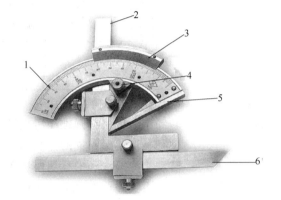

图 4-7 万能角度尺

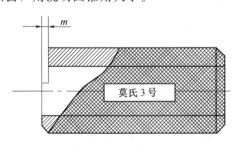

图 4-8 莫氏锥套

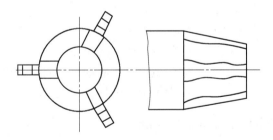

图 4-9 涂色检验法

【训练项目】

训练项目一：（讨论）分析圆锥零件图，拟定工艺路线。

训练目的：掌握根据零件图分析零件加工要求、拟定加工路线。

训练内容：1. 学生预习相关知识点。

2. 学生观看教学视频。

3. 学生在教师指导下分析图 4-2 所示零件图和评价表 4-4。

4. 学生分组讨论，拟定加工工艺路线。

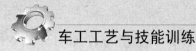

1. 技术要求

锐角倒钝，圆锥表面无毛刺，套规检测要求接触面70%。

2. 加工路线拟定（参考表4-3）。

表4-3　莫氏外圆锥的加工路线

工序	工步	工序内容	工作地点
1	1	检查毛坯，找正夹紧	毛坯：ϕ35 mm×205 mm
2	1	车端面	车床
	2	粗，精车外圆 ϕ30 mm	
	3	倒角	
3	1	掉头装夹，找正夹紧	车床
	2	车端面保证总长75 mm	
	3	粗，精车 ϕ23.825 mm	
	4	粗，精车莫3圆锥	
	5	倒角	
4	1	检测工件	—

训练项目二：莫氏圆锥加工操作训练。

训练目的：1. 转动小滑板法车圆锥小滑板转动方向和角度的确定。

　　　　　2. 偏移尾座法车圆锥的方法以及尾座偏移量 S 的计算。

　　　　　3. 转动小滑板法和偏移尾座法车圆锥的优缺点及适用场合。

训练内容：1. 各组组长强调安全文明生产。

　　　　　2. 学生观看教师演示。

　　　　　3. 学生分组操作练习。

训练项目三：圆锥质量检测。

训练目的：熟悉圆锥类零件检测项目与方法。

训练内容：1. 学生了解检测项目。

　　　　　2. 学生熟悉相应量具的使用方法。

　　　　　3. 学生测量工件并填表4-4。

【任务完成评价表】（见表4-4）

表4-4　莫氏外圆锥加工评价表

学生姓名		班级		组别		日期	
一、功能检查，目测检查，操作方法					评分采用10—9—7—5—0分制		
序号	零件号		检测项目			学生自测	教师检测
1	—		安全文明生产				
2	—		按图正确加工				
3	—		表面粗糙度 Ra1.6				
4	—		毛刺去除恰当				
5	—		锥度的检测				
结果							

二、尺寸检测   评分采用 10—0 分制

零件号	序号	图纸尺寸	公差	实际尺寸		分数
				学生自测	教师检测	
1	1	$\phi30$				
	2	55				
	3	75				
	4	5				
	5	$\phi23.825$				
	结果					

评分组	结果	因子	中间值	系数	成绩
功能、目测检查		0.5		0.3	
尺寸检测		0.5		0.7	

任务二 车削内圆锥零件

学习目标：

知识目标：

1. 掌握转动小滑板法车内圆锥小滑板转动方向和角度的确定

2. 掌握偏移尾座法车内圆锥及尾座偏移量的计算

能力目标：

熟知转动小滑板法和偏移尾座法车内圆锥优缺点及适用场合

【工作任务展示】莫氏内圆锥的立体图如图 4-10 所示。莫氏内圆锥零件图如图 4-11 所示。

图 4-10 莫氏内圆锥立体图

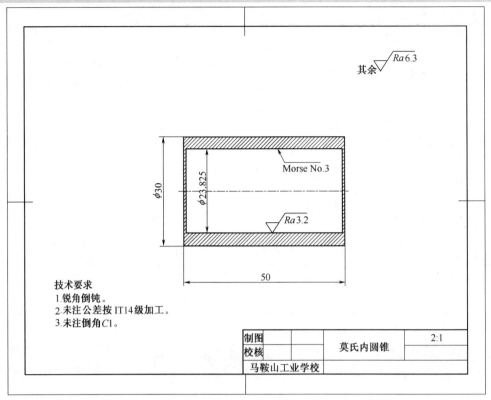

图 4-11　莫氏内圆锥零件图

【工作任务分析】（见表 4-5）

表 4-5　工作任务分析栏

序号	工作流程	任务要求
1	分析内圆锥零件图	内圆锥的技术要求，材料、毛坯的选择
2	内圆锥加工方案制定	拟定内圆锥加工工艺路线
3	实际操作车床	严格按照操作规程完成板内圆锥零件车削加工
4	圆锥质量检测	利用万能角度尺检测圆锥或者利用标准莫氏锥套检测
5	设备保养	要求学生按规定对机床进行保养，对场地进行清理、维护

【相关知识点】

知识点一：车削内圆锥

将小滑板转动一个圆锥半角 $a/2$，采取用小滑板进给的方式，使车刀的运动轨迹与所要车削的圆锥素线平行，如图 4-12 所示。

知识点二：内圆锥检测方法

用涂色法检验内圆锥，如图 4-13 所示。若小端接触说明圆锥角大了；若大端接触说明圆锥角小了。根据涂色法检验的结果来调整小滑板角度。

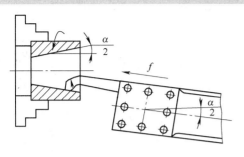

图 4-12 转动小滑板车内圆锥

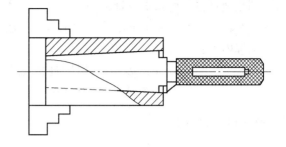

图 4-13 用塞规检测内圆锥

【训练项目】

训练项目一：（讨论）分析图 4-11 所示莫氏 3 号内圆锥零件图，拟定工艺路线。

训练目的：掌握根据零件图分析零件加工要求、拟定加工路线。

训练内容：1. 学生预习相关知识点。

2. 学生观看教学视频。

3. 学生在教师指导下分析图 4-11 所示零件图和评分表 4-6。

4. 学生分组讨论，拟定加工工艺路线。

1. 技术要求

锐角倒钝，圆锥表面无毛刺，塞规检测接触 70％。

2. 加工路线拟定（参考表 4-6）

表 4-6 莫氏内圆锥的加工路线

工序	工步	工序内容	工作地点
1	1	检查毛坯，找正夹紧	毛坯：$\phi40\ mm\times52\ mm$
2	1	车端面	车床
	2	钻中心孔，钻 $\phi20\ mm$ 孔	
	3	粗精车外圆 $\phi30\ mm$	
3	1	掉头装夹，找正夹紧	车床
	2	车端面保证总长 50 mm	
	3	精车外圆 $\phi30\ mm$	
	4	粗精车内圆锥	
	5	倒角	
4	1	检测工件	

训练项目二：内圆锥加工操作训练。

训练目的：1. 转动小滑板法车内圆锥。

2. 小滑板转动方向和角度的确定。

3. 转动小滑板法车圆锥的优缺点及适用场合。

训练内容：1. 各组组长强调安全文明生产。

2. 学生观看教师演示。

3. 学生分组操作练习。

训练项目三：内圆锥质量检测。

训练目的：熟悉圆锥类零件检测项目与方法。

训练内容：1. 学生了解检测项目。

2. 学生熟悉相应量具的使用方法。

3. 学生测量工件并填表 4-7。

【任务完成评价表】

表 4-7　内圆锥加工评价表

学生姓名	班级	组别	日期

一、功能检查，目测检查，操作方法　　　　　　　　　　　　评分采用 10－9－7－5－0 分制

序号	零件号	检测项目	学生自测	教师检测
1	—	安全文明生产		
2	—	按图正确加工		
3	—	表面粗糙度 $Ra1.6$		
4	—	毛刺去除恰当		
5	—	锥度的检测		
	结果			

二、尺寸检测　　　　　　　　　　　　　　　　　　　　　　评分采用 10－0 分制

零件号	序号	图纸尺寸	公差	实际尺寸		分数
				学生自测	教师检测	
1	1	$\phi30$				
	2	50				
	3	Morse 3				
	结果					

评分组	结果	因子	中间值	系数	成绩
功能、目测检查		0.5		0.3	
尺寸检测		0.3		0.7	

项目五

三角螺纹加工

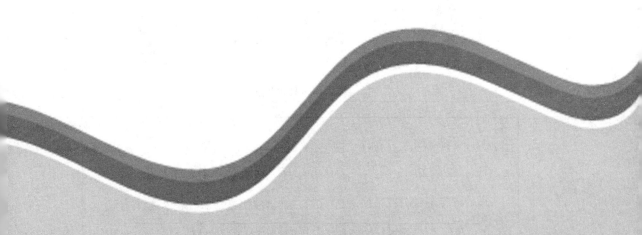

任务一　车削内外三角形螺纹

学习目标：

知识目标：

1. 了解车削三角形螺纹的基本参数

2. 掌握三角形螺纹车刀的刃磨方法和刃磨要求

3. 掌握用样板检查、修正刀尖角的方法

能力目标：

1. 能根据螺纹样板正确装夹车刀

2. 掌握车三角形螺纹的基本动作和方法

3. 掌握直进法车三角形螺纹方法，要求收尾长不超过2/3圈

【工作任务展示】哑铃立体图如图5-1所示。（哑铃轴见图5-2、哑铃孔见图5-3）

图 5-1　哑铃立体图

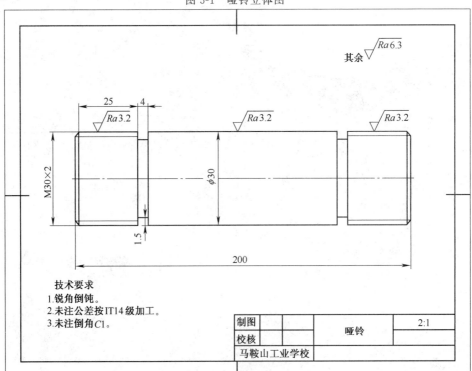

图 5-2　哑铃轴

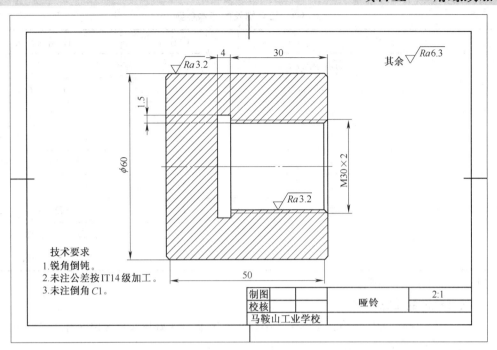

图 5-3 哑铃孔

【工作任务分析】（见表 5-1）

表 5-1 工作任务分析栏

序号	工 作 流 程	任 务 要 求
1	分析哑铃零件图	哑铃的技术要求，材料、毛坯的选择
2	哑铃加工方案制定	拟定哑铃加工工艺路线
3	实际操作车床	严格按照操作规程完成哑铃零件车削加工
4	螺纹质量检测	利用螺纹环规和塞规（或螺纹千分尺）正确的检测内外三角螺纹
5	设备保养	要求学生按规定对机床进行保养，对场地进行清理、维护

【相关知识点】

知识点一：三角形螺纹的用途和技术要求。

在机器制造业中，三角形螺纹应用很广泛，常用于连接、紧固，在工具和仪器中还往往用于调节。

三角形螺纹的特点：螺距小，一般螺纹长度较短。其基本要求是：①螺纹轴向剖面牙型角必须正确；②两侧表面粗糙度小；③中径尺寸符合精度要求；④螺纹与工件轴线保持同轴。

知识点二：三角形螺纹的基本参数

三角形螺纹的基本参数见表 5-2。

表 5-2　三角螺纹的基本参数

名　称		代号	计 算 公 式
外螺纹	牙型角	α	60°
	原始三角形高度	H	$H=0.866P$
	牙型高度	h	$h=0.5413P$
	中径	d_2	$d_2=d-0.6495P$
	小径	d_1	$d_1=d-2h=d-1.0825P$
内螺纹	中径	D_2	$D_2=d_2$
	小径	D_1	$D_1=d_1$
	大径	D	$D=d=$公称直径
螺纹升角		ψ	$\tan\psi=\pi d_2$

知识点三：螺纹的车削方法

1. 车削螺纹前的工艺要求

（1）螺纹光杆直径一般应车得比基本尺寸小约 $0.1P$；保证车好螺纹后牙顶处有 $0.125P$ 的宽度。

（2）内螺纹的底孔直径比基本尺寸大 P；

（3）在车螺纹前先用车刀在工件端面上倒角至略小于螺纹小径。

2. 螺纹车刀的装夹

（1）装夹车刀时，刀尖位置一般应对准工件中心。

（2）车刀刀尖角的对称中心线必须与工件轴线垂直，装刀时可用样板来对刀。如图 5-4 所示。如果车刀装歪，就会产生牙型歪斜。

（3）刀杆伸出长度不要过长，一般为 20～25 mm（约为刀杆厚度的 1.5 倍）。

3. 车削螺纹时车床的调整

（1）调整中、小滑板的松紧程度达到适当，不能太紧、也不能太松，否则会造成操作不灵活或产生"扎刀"。

（2）变换进给箱外手柄拨到所需的位置上。

（3）根据工件螺距大小、操作者熟练程度选择适当的转速。

4. 车削方法

（1）直进法。车螺纹时，螺纹车刀刀尖及左右两侧刀刃都参加切削工作，每次切刀由中滑板作径向进给，随着螺纹深度的加深，切削深度相应减小，这种切削方法操作简单，可得到比较正确的牙型，适用于螺距小于 2 mm 以下和脆性材料的螺纹车削。其方法与排屑情况如图 5-5 所示。

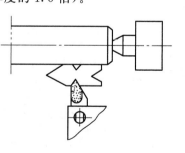

图 5-4　螺纹车刀的装夹

（2）斜进法。车螺纹时，除了用中滑板刻度控制车刀的径向进给外，同时使用小滑板的刻度，顺走刀一个方向偏移，这种切削法操作较复杂，偏移进刀量要适当，否则会将螺纹车乱或牙顶车尖。它适用于低速切削螺距大于 2 mm 的塑性材料。由于车刀用单面切削，所以不容易产生扎刀现象，斜进法适用于螺纹的粗车。每边留精车余量 0.2～0.3 mm 精车时，为了使螺纹两侧面都比较光洁，当一侧面车光以后，再将车刀偏移另一侧面车削。两侧面均车光后并且保证中径符合要求后，将车刀移到中间，把牙底部车光或用直进法以保证牙底清晰。斜进法粗车时 $v=$

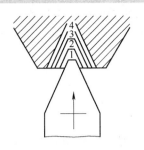
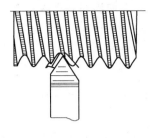

图 5-5　直进法与排屑情况

（10.2～15）m/min、a_p＝0.15～0.3 mm；精车时 v＜6 m/min、a_p＜0.05 mm。斜进法与排屑情况如图 5-6 所示。

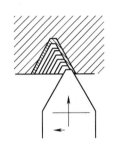
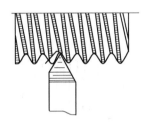

图 5-6　斜进法与排屑情况

5．中途对刀的方法

中途换刀或车刀刃磨后须重新对刀。

（1）静态对刀法。车刀不切入工件而按下开合螺母开车，待工件正转，车刀移到螺纹表面处缓慢停车（只允许正转到停止，不可出现反转现象）、在工件静止状态下，摇动中、小滑板使车刀刀尖对准螺旋槽，注意观察车刀刀尖直至对准再开始切削。

（2）动态对刀法。按下开合螺母然后开车，工件一边正转，车刀一边移到螺纹表面，在工件正转的状态下立即摇动中、小滑板、将车刀刀尖对准螺旋槽。（只有当车刀对准在螺旋槽内才能开始车削）

6．三角螺纹加工容易产生的问题

（1）由于初学车螺纹，操作不熟练，一般宜采用较低的切削速度，并特别注意在练习操作过程中思想集中。

（2）车螺纹时，开合螺母必须闸到位。

（3）车削螺纹，应始终保持刀刃锋利。如果中途换刀或磨刀后必须对刀，以防破牙，并重新调整中滑板刻度。

（4）粗车螺纹时，要留适当的精车余量。

（5）车削时应防止螺纹小径不清，侧面不光，轮廓线不直等不良现象的出现。

（6）使用环规检查时，不能用力太大或用板手强拧，以免环规严重磨损或工件发生移位。

7．车螺纹时注意安全事项

（1）车螺纹时是按螺距纵向进给，因此进给速度快。退刀必须及时、动作协调，否则会使车刀与工件台阶或卡盘撞击而产生事故。

（2）车螺纹进刀时，必须注意中滑板手柄不要多摇一圈，否则会造成刀尖崩刃或工件损坏。

（3）车好螺纹，应立即提起开合螺母并将丝杠旋转状态转变为光杠旋转状态。

（4）开车时，不能用棉纱擦工件，否则会使棉纱卷入工件，把手指也一起卷进而造成事故。

知识点四：螺纹的测量方法

1. 大径的测量

螺纹大径的公差较大，一般可用游标卡尺或千分尺测量。

2. 螺距的测量

螺距一般可用钢直尺测量，如图 5-7（a）所示。也可用游标卡尺测量，在测量时为测量准确，应该量若干个螺距，通过计算，检查其正误。细牙螺纹的螺距较小，用钢直尺测量困难，这时可用螺距规来测量，如图 5-7（b）所示。

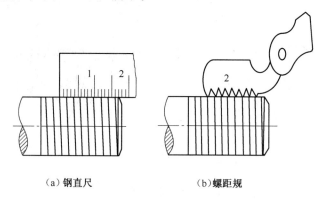

（a）钢直尺 　　　　　　　　（b）螺距规

图 5-7　检查螺距离

3. 中径的测量

（1）螺纹千分尺测量。精度较高的三角形螺纹，可用螺纹千分尺测量，所测得的千分尺读数就是该螺纹的中径实际尺寸，如图 5-8 所示。

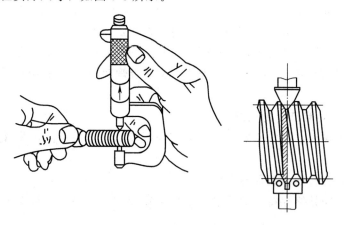

图 5-8　螺纹千分尺检测

（2）三针测量。用三针测量外螺纹中径是一种比较精密的测量方法。测量时所用的三根圆柱形量针，是由量具厂专门制造的，在没有量针的情况下，也以用三根直径相等的优质钢丝或新的钻头柄部代替、测量时，把三根量针放在螺纹两侧相对应的螺旋槽内，用千分尺量出两边量针顶点之间的距离。量针直径不能太大，也不能太小，要保证既要与螺纹两侧相切，又要保证量针顶点高于螺纹牙顶。

4. 综合测量

用螺纹环规综合检查三角形螺纹。首先应对螺纹的直径、螺距、牙型和粗糙度进行检查，然后再用螺纹规（见图 5-9）测量螺纹的尺寸精度。如果环规通端正好拧进去，而止端拧不进，说明螺纹精度符合要求。螺纹塞规用来对三角形内螺纹进行综合测量。

【训练项目】

训练项目一：（讨论）分析图 5-2、图 5-3 所示哑铃零件图，拟定工艺路线。

训练目的：掌握根据零件图分析零件加工要求、拟定加工路线。

训练内容：1. 学生预习相关知识点。

2. 学生观看教学视频。

3. 学生在教师指导下分析图 5-2、图 5-3 所示零件图和评分表 5-5。

4. 学生分组讨论，拟定加工工艺路线。

图 5-9　螺纹规检测法

1. 技术要求

锐角倒钝，表面无毛刺，螺纹配合。

2. 加工路线拟定（参考表 5-3、表 5-4）

表 5-3　哑铃轴的加工路线

工序	工步	工序内容	工作地点
1	1	检查毛坯，找正夹紧	毛坯：ϕ35 mm×205 mm
2	1	车端面	车床
	2	钻中心孔	
	3	粗车外圆 ϕ30 mm	
3	1	掉头装夹，找正夹紧	车床
	2	车端面保证总长 200 mm	
	3	钻中心孔	
	4	两顶尖装夹	
	5	精车外圆 ϕ30 mm	
	6	车退刀槽 4 mm×1.5 mm	
4	1	车削螺纹 M30×2	车床
	2	车削螺纹 M30×2	
5	1	检测工件	—

表 5-4　哑铃孔的加工路线

工序	工步	工序内容	工作地点
1	1	检查毛坯，找正夹紧	毛坯：ϕ65 mm×55 mm
2	1	车端面	车床
	2	粗精车外圆 ϕ60 mm	

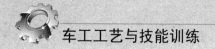

续表

工序	工步	工序内容	工作地点
3	1	掉头装夹，找正夹紧	车床
	2	车端面保证总长 50 mm	
	3	钻中心孔	
4	1	钻 $\phi25$ mm 的孔	车床
	2	镗孔至 $\phi28$	
	3	车 4×1.5 内沟槽	
5	1	车削螺纹 M30×2	车床
6	1	掉头装夹，精车 $\phi60$ mm 外圆	车床
7	1	检测工件	—

训练项目二：哑铃加工操作训练。

训练目的：1. 首先要计算好外螺纹光杆的直径，$D=D_1-0.12P$，内螺纹光杆直径 $D=D_1-P$。

  2. 计算螺纹的切削深度，$a_p=0.65P$。

  3. 退刀槽的计算，切削深度＝$(0.12\sim0.15)P$；长度＝$(2\sim3)P$。

  4. 熟练运用倒顺车法车削螺纹。

  5. 学会螺纹的两种检测方法。

训练内容：1. 各组组长强调安全文明生产。

  2. 学生观看教师演示。

  3. 学生分组操作练习。

训练项目三：哑铃质量检测。

训练目的：熟悉螺纹零件检测项目与方法。

训练内容：1. 学生了解检测项目。

  2. 学生熟悉相应量具的使用方法。

  3. 学生测量工件并填表 5-5。

【任务完成评价表】

表 5-5 哑铃加工评价表

学生姓名	班级	组别	日期

一、功能检查，目测检查，操作方法   评分采用 10－9－7－5－0 分制

序号	零件号	检测项目	学生自测	教师检测
1	—	安全文明生产		
2	—	按图正确加工		
3	—	表面粗糙度 $Ra1.6$		
4	—	毛刺去除恰当		

续表

序号	零件号	检测项目	学生自测	教师检测
5		螺纹配合		
	结果			

二、尺寸检测　　　　　　　　　　　　　　　　　　　　　　评分采用 10－0 分制

零件号	序号	图纸尺寸	公差	实际尺寸		分数
				学生自测	教师检测	
1	1	$\phi30$				
	2	$\phi25$				
	3	4				
	4	1.5				
	5	200				
	6	M30×2				
2	1	$\phi60$				
	2	30				
	3	4				
	4	1.5				
	5	50				
	6	M30×2				
	结果					

评分组	结果	因子	中间值	系数	成绩
功能、目测检查		0.5		0.3	
尺寸检测		1.2		0.7	

任务二　攻螺纹和套螺纹

学习目标：

知识目标：

1. 熟悉螺纹加工中常用工具及其使用方法

2. 掌握螺纹加工前的工艺计算

能力目标：

熟练掌握攻螺纹和套螺纹的加工方法

【**工作任务展示**】板牙架的立体图如图 5-10 所示。板牙架零件如图 5-11、图 5-12 所示。

图 5-10　板牙架立体图

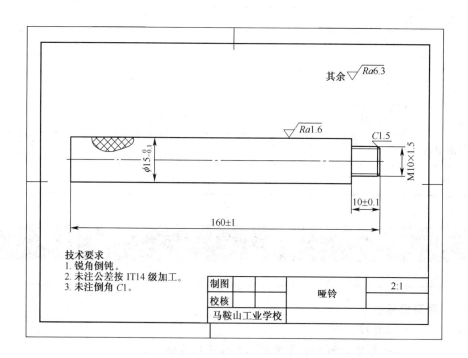

图 5-11　板牙架零件图 1

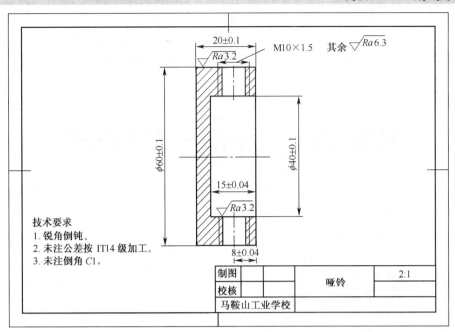

图 5-12 板牙架零件图 2

【工作任务分析】（见表 5-6）

表 5-6 工作任务分析栏

序号	工 作 流 程	任 务 要 求
1	分析板牙架零件图	板牙架的技术要求，材料、毛坯的选择
2	板牙架加工方案制定	拟定板牙架加工工艺路线
3	实际操作车床	严格按照操作规程完成板牙架零件车削加工
4	螺纹质量检测	利用螺纹环规和塞规（或螺纹千分尺）正确的检测内外三角螺纹
5	设备保养	要求学生按规定对机床进行保养，对场地进行清理、维护

【相关知识点】

知识点一：认识丝锥

丝锥也称螺丝攻，是一种加工内螺纹的刀具，常用高速钢、碳素工具钢或合金工具钢制成。用丝锥在工件孔中切削出内螺纹的加工方法，称为攻螺纹。其操作方便，生产效率高，工件互换性好，可以加工车削无法完成的小直径内螺纹。丝锥通常分为头锥、二锥、三锥，如图 5-13 所示。与手用丝锥配合使用的是铰杠，如图 5-14 所示。

知识点二：攻螺纹前底孔的确定

加工螺纹必须有底孔，而底孔必须与螺纹相适应。加工普通螺纹底孔的钻头直径一般符合以下规律。

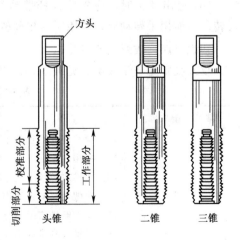

图 5-13 丝锥的种类

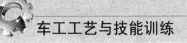
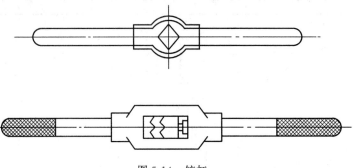

图 5-14　铰杠

钢材　　$D_1=D-P$

铸铁　　$D_1=D-(1.05\sim1.1)P$

式中　　D——螺纹公称直径，mm；

　　　　P——螺距，mm；

　　　　D_1——螺纹底孔直径，mm。

知识点三：攻螺纹方法

（1）攻螺纹前钻的底孔口要倒角。

（2）工件装夹要正确，孔的中心一般垂直于工件表面。

（3）开始攻螺纹时，应将丝锥放正，用力向下加压，同时顺向施进，两手用力平衡，保持丝锥中心与孔中心重合；当切入工件 1～2 圈后，用目测或角尺检验来校正丝锥的位置；当切削部分全部切入工件时，应停止施加压力，只需平衡转动，自然旋入，如图 5-15 所示。

（a）

（4）为了避免切削过程中咬住丝锥，攻丝时应时常反转 1/2 圈来切碎切屑。

（5）攻不通孔时，要经常退出丝锥，排出切屑。

（b）

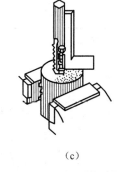

（c）

（6）退出丝锥时，应先用铰杠带动丝锥平衡反转，当能用手转动时，应用手退出丝锥。

图 5-15　攻丝的方法

知识点四：攻螺纹质量分析

攻螺纹常见质量故障（见表 5-7）。

表 5-7　攻螺纹常见质量故障

常见质量故障	原　因
烂牙	（1）螺纹底孔直径太小，丝锥不易切入，孔口烂牙； （2）换用二锥、三锥时，与已切出的螺纹没有旋合好就强行攻削； （3）头锥攻螺纹不正，有二锥、三锥时强行纠正； （4）对塑性材料未加切削液或丝锥不经常倒转，而把已切出的螺纹啃伤； （5）丝锥磨钝或刀刃有粘屑； （6）丝锥铰杠掌握不稳，攻铝合金等强度较低的材料时，容易被切烂； （7）攻不通孔螺纹时，丝锥已到底仍然继续扳转

续表

常见质量故障	原　因
滑牙	1. 在强度较低的材料上攻较小螺孔时，丝锥已切出螺纹仍继续加力； 2. 攻完退出时连铰杠转出
其他	1. 丝锥位置不正螺孔攻歪； 2. 机攻螺纹时丝锥与螺孔不同心； 3. 攻螺纹前底孔直径太大，螺纹牙深不够

知识点五：认识圆板牙

板牙是一种多刃的螺纹加工工具，多用合金工具钢制成，以圆板牙最为常用，如图 5-16 所示。圆板牙由切削部分、校准部分和排屑孔组成。其两端的锥角是切削部分，正反都可使用，中间为校准部分，有完整的齿深。手套螺纹要用铰杠，机套螺纹用套螺纹工具。

知识点六：套螺纹的操作方法

（1）圆杆端部要倒成 $15°\sim20°$ 的斜角，锥体的最小直径要比螺纹小径小，使切出的螺纹起端避免出现锋口。

（2）套螺纹时切削转矩很大，圆杆要用硬木制的 V 形块或厚铜板作为衬垫，才能可靠地夹紧。圆杆套螺纹部分离钳口也要尽量近。

（3）套螺纹时，应保持板牙的端面与圆杆轴线垂直，如图 5-17 所示。

（4）开始时为了使板牙切入工件，要在转动板牙时施加轴向压力，转动要慢，压力要大。待板牙已旋入已切出的螺纹时，就不要再施加压力，以免损坏螺纹与板牙。

（5）为了断屑，板牙也要时常倒转一下，但与攻螺纹相比，切屑不易产生堵塞现象。

（6）在钢料上套螺纹时要加切削液，以提高螺纹表面质量，延长板牙使用寿命。

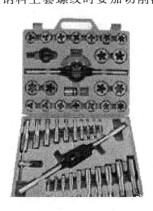

图 5-16　圆板牙

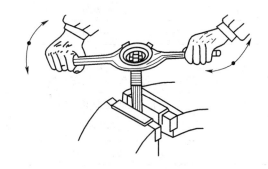

图 5-17　套螺纹的方法

知识点七：套螺纹质量分析

套螺纹常见质量故障（见表 5-8）。

知识点八：螺纹检测

利用本项目任务一中的螺纹千分尺测量中径法，或者使用螺纹规进行检测。

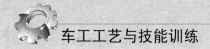

表 5-8　套螺纹常见质量故障

常见质量故障	原　因
烂牙	(1) 圆杆直径太大； (2) 板牙磨钝； (3) 套螺纹时，板牙左右摇摆，且没有经常倒转； (4) 板牙歪斜太多，套螺纹时强行修正； (5) 板牙刀刃上有切削瘤
牙型不正	(1) 板牙端面与圆杆不垂直； (2) 用力不均匀，板牙架倾斜； (3) 板牙已切出仍施加压力； (4) 由于板牙端面与圆杆不垂直而多次纠正，使部分螺纹切去过多

【训练项目】

训练项目一：（讨论）分析图 5-11、图 5-12 所示板牙架零件图，拟定工艺路线。

训练目的：掌握根据零件图分析零件加工要求、拟定加工路线。

训练内容：1. 学生预习相关知识点。

　　　　　2. 学生观看教学视频。

　　　　　3. 学生在教师指导下分析图 5-11、图 5-12 所示零件图和评价表 5-11。

　　　　　4. 学生分组讨论，拟定加工工艺路线。

1. 技术要求分析

锐角倒钝，表面无毛刺，螺纹牙侧光洁。

2. 加工路线拟定（参考表 5-9、表 5-10）

表 5-9　板牙架（1）的加工路线

工序	工步	工序内容	工作地点
1	1	检查毛坯，找正夹紧	毛坯：ϕ20 mm×165 mm
2	1	车端面	车床
	2	钻中心孔	
	3	粗车外圆 ϕ15 mm	
3	1	掉头装夹，找正夹紧	车床
	2	车端面保证总长 160 mm	
	3	钻中心孔	
	4	两顶尖装夹	
	5	精车外圆 ϕ15 mm	
	6	倒角	
4	1	套螺纹 M10×1.5	车床
	2	滚花	
5	1	检测工件	—

表 5-10　板牙架（2）的加工路线

工序	工步	工序内容	工作地点
1	1	检查毛坯，找正夹紧	毛坯：ϕ65 mm×25 mm
2	1	车端面	车床
	2	粗车外圆 ϕ60 mm	
3	1	调头装夹，找正夹紧	车床
	2	车端面保证总长 20 mm	
	3	钻中心孔	
	4	钻孔 ϕ32 mm	
	5	镗孔至 ϕ40 mm	
	6	倒角	
	7	精车外圆 ϕ60 mm	
4	1	攻螺纹 M10×1.5	车床
	2	攻螺纹 M10×1.5	
5	1	检测工件	—

训练项目二：板牙架加工操作训练。

训练目的：1. 让同学们掌握螺纹的两种加工方法。

2. 熟练掌握攻丝和套丝的加工方法。

3. 对螺纹的形成以及功能有更进一步的了解。

训练内容：1. 各组组长强调安全文明生产。

2. 学生观看教师演示。

3. 学生分组操作练习。

训练项目三：板牙架质量检测。

训练目的：熟悉螺纹零件检测项目与方法。

训练内容：1. 学生了解检测项目。

2. 学生熟悉相应量具的使用方法。

3. 学生测量工件并填表 5-11。

【任务完成评价表】（见表 5-11）

表 5-11　板牙架加工评价表

学生姓名	班级	组别	日期

一、功能检查，目测检查，操作方法　　　　　　　　　　评分采用 10－9－7－5－0 分制

序号	零件号	检测项目	学生自测	教师检测
1	—	安全文明生产		
2	—	按图正确加工		

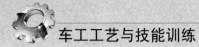

序号	零件号	检测项目	学士自测	教师检测
3	—	表面粗糙度 $Ra1.6$		
4	—	毛刺去除恰当		
5	—	螺纹配合		
	结果			

二、尺寸检测　　　　　　　　　　　　　　　　　　　　　评分采用 10—0 分制

零件号	序号	图纸尺寸	公差	实际尺寸		分数
				学生自测	教师检测	
1	1	$\phi15$				
	2	160				
	3	10				
	4	M10×1.5				
2	1	$\phi60$				
	2	20				
	3	15				
	4	$\phi40$				
	5	M10×1.5				
	结果					

评分组	结果	因子	中间值	系数	成绩
功能、目测检查		0.5		0.3	
尺寸检测		1.1		0.7	

梯形螺纹加工

任务一　车削梯形螺纹

学习目标：

知识目标：

1. 了解梯形螺纹的作用、种类、标记、牙型

2. 了解梯形螺纹的参数和相关计算公式

3. 了解梯形螺纹车刀的几何形状和角度要求

能力目标：

1. 学会梯形螺纹车刀的刃磨

2. 掌握梯形螺纹的车削方法

3. 掌握梯形螺纹的测量、检测方法

【**工作任务展示**】C616 车床小拖板丝杆的立体图如图 6-1 所示。其零件图如图 6-2 所示。

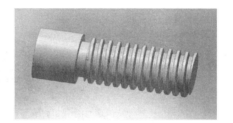

图 6-1　C616 车床小拖板丝杆立体图

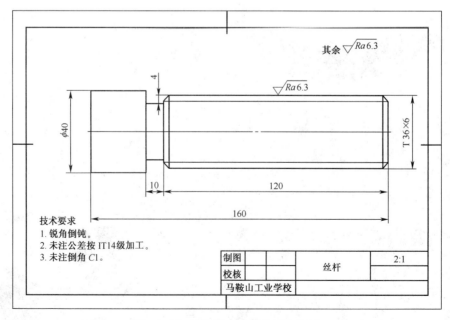

图 6-2　C616 车床小拖板丝杆零件图

【工作任务分析】（见表 6-1）

表 6-1　工作任务分析栏

序号	工 作 流 程	任 务 要 求
1	分析丝杆零件图	丝杆的技术要求，材料、毛坯的选择
2	丝杆加工方案制定	拟定丝杆工艺路线
3	实际操作车床	严格按照操作规程完成丝杆零件车削加工
4	螺纹质量检测	利用螺纹千分尺正确的检测梯形螺纹
5	设备保养	要求学生按规定对机床进行保养，对场地进行清理、维护

【相关知识点】

知识点一：梯形螺纹的作用及种类

梯形螺纹是常用的传动螺纹，精度要求比较高。例如车床的丝杆和中小滑板的丝杆等。梯形螺纹有两种，国家标准规定梯形螺纹牙型角为 30°，英制梯形螺纹的牙型角为 29°，在我国较少采用。

知识点二：梯形螺纹的参数计算

梯形螺纹的参数（见表 6-2）

表 6-2　梯形螺纹的参数

名称	代号	计 算 公 式		
牙顶间隙	a_c	P	1.5～5	6～12	14～44
		a_c	0.25	0.5	1
大径	d、D_4	d＝公称直径，$D_4＝d＋a_c$		
中径	d_2、D_2	$d_2＝d－0.5P$，$D_2＝d_2$		
小径	d_3、D_1	$d_3＝d－2h_3$，$D_1＝d－p$		
牙高	h_3、H_4	$h_3＝0.5p＋a_c$，$H_4＝h_3$		
牙顶宽	f、f'	$f＝f'＝0.366p$		
牙槽底宽	W、W'	$W＝W'＝0.366p－0.536a_c$		

知识点三：梯形螺纹车刀及装夹

1. 梯形螺纹车刀

低速车削梯形螺纹一般使用高速钢车刀，梯形螺纹粗车刀如图 6-3 所示，梯形螺纹精车刀如图 6-4 所示。

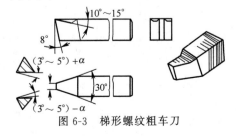

图 6-3　梯形螺纹粗车刀

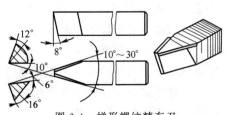

图 6-4　梯形螺纹精车刀

2. 梯形螺纹车刀的装夹

（1）车刀切削刃必须和工件轴线等高，同时要和工件轴线平行。

（2）刀头的角平分线要垂直于工件的轴线，一般用样板找正装夹，以免产生螺纹半角误差，如图 6-5 所示。

知识点四：梯形螺纹的车削方法

车削梯形螺纹时，通常采用高速钢材料刀具进行低速车削，低速车削梯形螺纹一般有如图 6-6 所示的四种进刀方法：直进法、左右切削法、车直槽法和车阶梯槽法。通常直进法只适用于车削螺距较小（$P < 4$ mm）的梯形螺纹，而粗车螺距较大（$P > 4$ mm）的梯形螺纹常采用左右切削法、车直槽法和车阶梯槽法。

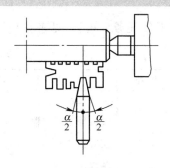

图 6-5　梯形螺纹
车刀的安装

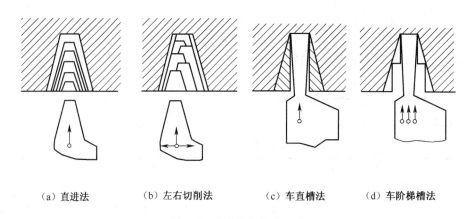

（a）直进法　　（b）左右切削法　　（c）车直槽法　　（d）车阶梯槽法

图 6-6　梯形螺纹加工方法

直进法也叫切槽法，如图 6-6（a）所示。车削螺纹时，只利用中拖板进行横向（垂直于导轨方向）进刀，在几次行程中完成螺纹车削。这种方法虽可以获得比较正确的齿形，操作也很简单，但由于刀具三个切削刃同时参加切削，振动比较大，牙侧容易拉出毛刺，不易得到较好的表面质量，并容易产生扎刀现象，因此，它只适用于螺距较小的梯形螺纹车削；左右切削法车削梯形螺纹时，除了用中拖板刻度控制车刀的横向进刀外，同时还利用小拖板的刻度控制车刀的左右微量进给，直到牙形全部车好，如图 6-6（b）所示。用左右切削法车螺纹时，由于是车刀两个主切削刃中的一个在进行单面切削，避免了三刃同时切削，所以不容易产生扎刀现象。另外，精车时尽量选择低速 [$v = $（$4 \sim 7$）m/min]，并浇注切削液，一般可获得很好的表面质量。但左右切削法操作比较复杂，小拖板左右微量进给时由于空行程的影响易出错，而且中拖板和小拖板同时进刀，两者的进刀量大小和比例不固定，每刀切削量不好控制，牙型也不易车得清晰。

知识点五：车削梯形螺纹的注意事项

（1）车削梯形螺纹必须保证中径尺寸公差。

（2）梯形螺纹的牙型角要正确。

（3）梯形螺纹牙型两侧面的表面粗糙度要小。

（4）选择精度较高，磨损较小的机床。

（5）选用磨损较少的交换齿轮。

（6）可采用一顶一夹或两顶尖方法装夹。

知识点六：梯形螺纹的检测方法

（1）大径、小径的测量 一般用游标卡尺和千分尺进行直接测量。

（2）螺纹中径的测量 一般用三针测量法或单针测量法，如图 6-7 所示。

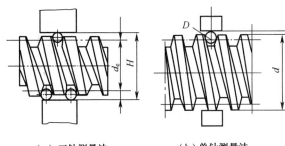

（a）三针测量法　　　　（b）单针测量法　　　　（c）公法线千分尺

图 6-7　螺纹检测

（3）用三针法测量螺纹中径的相关计算公式（见表 6-3）。

表 6-3　用三针法测量螺纹中径的相关计算公式

螺纹类别	三针直径	测得值 M 的计算式	测得中径 d_2 的计算式
米制 普通螺纹、统一螺纹（$\alpha=60°$）	$d_0=0.577P$	$M=d_2+3d_0-0.866P$	$d_2=M-3d_0+0.866P$
英制惠氏螺纹、管螺纹（$\alpha=55°$）	$d_0=0.564P$	$M=d_2+3.1657d_0-0.9605P$	$d_2=M-3.166d_0+0.9605P$
梯形螺纹（$\alpha=30°$）	$d_0=0.518P$	$M=d_2+4.864d_0-1.866P$	$d_2=M-4.864d_0+1.866P$
爱克姆螺纹（$\alpha=29°$）	$d_0=0.516P$	$M=d_2+4.994d_0-1.933P$	$d_2=M-4.994d_0+1.933P$

式中，M 为测得值（mm），d_0 为三针直径（mm）；α 为牙型角（°）。

【训练项目】

训练项目一：（讨论）分析丝杆零件图，拟定工艺路线。

训练目的：掌握根据图 6-2 所示零件图分析零件加工要求、拟定加工路线。

训练内容：1. 学生预习相关知识点。

　　　　　2. 学生观看教学视频。

　　　　　3. 学生在教师指导下分析零件图和评分表 6-5。

　　　　　4. 学生分组讨论，拟定加工工艺路线。

1. 技术要求

锐角倒钝，表面无毛刺，螺纹牙侧光洁。

2. 加工路线拟定（参考表 6-4）

表 6-4　C616 车库小拖板丝杆的加工路线

工序	工步	工 序 内 容	工 作 地 点
1	1	检查毛坯，找正夹紧	毛坯：ϕ45 mm×165 mm
2	1	车端面	车床
	2	粗精车 ϕ40mm 外圆	
3	1	调头装夹，找正夹紧	车床
	2	车端面保证总长 160 mm	
	3	钻中心孔	
	4	一顶一夹装夹	
	5	粗精车外圆 ϕ36 mm	
	6	车退刀槽 10mm×4mm	
4	1	车削螺纹 Tr36×6	车床
5	1	检测工件	—

　　训练项目二：梯形螺纹加工操作训练。

　　训练目的：1. 熟练掌握螺纹切削时的操作方法（直进法，分层法和斜进法）。

　　　　　　　2. 计算螺纹的切削深度，$a_p = 0.5P + a_c$（a_c 为牙顶间隙查表可得）

　　　　　　　3. 退刀槽的计算，深度$=0.12\sim0.15a_p$，长度$=2\sim3p$。

　　　　　　　4. 计算和测量螺纹的中径。

　　　　　　　5. 梯形螺纹车刀的刃磨。

　　训练内容：1. 各组组长强调安全文明生产。

　　　　　　　2. 学生观看教师演示。

　　　　　　　3. 学生分组操作练习。

　　训练项目三：丝杆质量检测。

　　训练目的：熟悉螺纹零件检测项目与方法。

　　训练内容：1. 学生了解检测项目。

　　　　　　　2. 学生熟悉相应量具的使用方法。

　　　　　　　3. 学生测量工件并填表 6-5。

【任务完成评价表】（见表 6-5）

表 6-5　丝杆加工评价表

学生姓名	班级	组别	日期

一、功能检查，目测检查，操作方法　　　　　　　　　　评分采用 10－9－7－5－0 分制

序号	零件号	检测项目	学生自测	教师检测
1	—	安全文明生产		
2	—	按图正确加工		

一、功能检查，目测检查，操作方法　　　　　　　　　　　　评分采用 10−9−7−5−0 分制

序号	零件号	检测项目	学生自测	教师检测
3	—	表面粗糙度 $Ra1.6$		
4	—	毛刺去除恰当		
结果				

二、尺寸检测　　　　　　　　　　　　　　　　　　　　　　评分采用 10−0 分制

零件号	序号	图纸尺寸	公差	实际尺寸		分数
				学生自测	教师检测	
1	1	120	—			
	2	2	160			
	3	3	10			
	4	4	Tr36×6			
	5	5	4			
	6	6	$\phi40$			
结果						

评分组	结果	因子	中间值	系数	成绩
功能、目测检查		0.5		0.3	
尺寸检测		0.6		0.7	

任务二　车削蜗杆

学习目标：

　　知识目标：

　　1. 掌握蜗杆主要参数及其计算，掌握蜗杆的测量方法

　　2. 掌握蜗杆车刀的几何形状和安装方法

　　能力目标：

　　熟练掌握蜗杆的加工方法

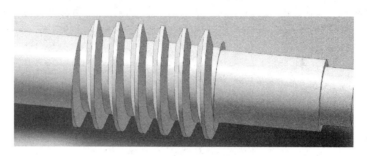

【**工作任务展示**】蜗杆轴的立体图，如图 6-8 所示。其零件图如图 6-9 所示。

图 6-8　蜗杆轴立体图

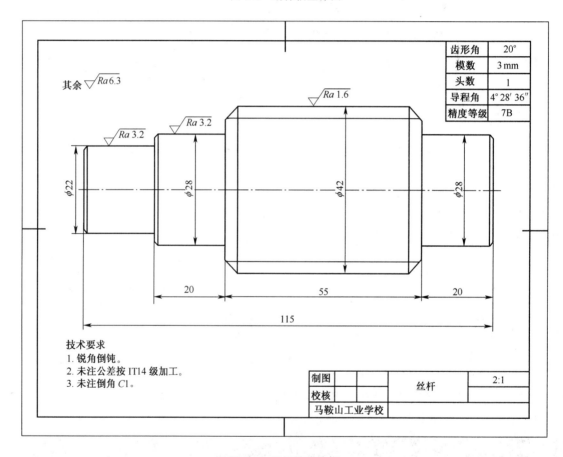

齿形角	20°
模数	3 mm
头数	1
导程角	4° 28′ 36″
精度等级	7B

其余 $\sqrt{Ra6.3}$

$\sqrt{Ra3.2}$　$\sqrt{Ra3.2}$　$\sqrt{Ra1.6}$

$\phi22$　$\phi28$　$\phi42$　$\phi28$

20　55　20

115

技术要求
1. 锐角倒钝。
2. 未注公差按 IT14 级加工。
3. 未注倒角 C1。

制图			丝杆	2:1
校核				
马鞍山工业学校				

图 6-9　蜗杆轴零件图

【**工作任务分析**】（见表 6-6）

表 6-6　工作任务分析栏

序号	工 作 流 程	任 务 要 求
1	分析蜗杆轴零件图	蜗杆轴的技术要求，材料、毛坯的选择
2	蜗杆轴加工方案制定	拟定蜗杆轴加工工艺路线

序号	工 作 流 程	任 务 要 求
3	实际操作车床	严格按照操作规程完成蜗杆轴零件车削加工
4	蜗杆质量检测	利用齿厚游标卡尺正确的检测蜗杆
5	设备保养	要求学生按规定对机床进行保养，对场地进行清理、维护

【相关知识点】

知识点一：蜗杆的相关知识

蜗杆、蜗轮组成的蜗杆副，常用于减速传动机构中，以传递两轴在空间成 90°交错的运动，蜗杆的齿形角是在通过蜗杆轴线的平面内，轴线垂直面与齿侧之间的夹角。蜗杆一般可分为米制蜗杆和英制蜗杆两种。按齿形分又分为轴向直廓蜗杆和法向直廓蜗杆。通常轴向直廓蜗杆应用较多，本次任务主要学习轴向直廓蜗杆的加工。

知识点二：蜗杆车刀。

蜗杆车刀见图 6-10 所示。

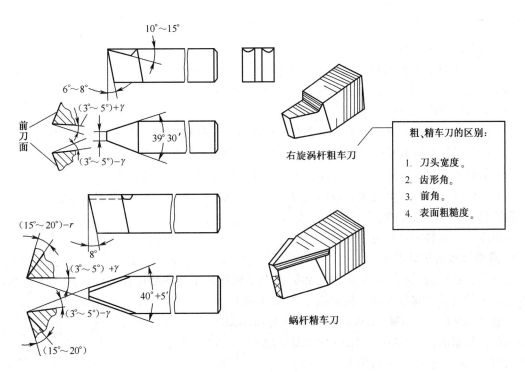

图 6-10　蜗杆车刀

知识点三：蜗杆的参数计算

蜗杆的相关参数计算（见表 6-7）。

表 6-7　蜗杆的参数计算

名称	计算公式	名称		计算公式
轴向模数（m_2）	（基本参数）	导程角（γ）		$\tan\gamma=\dfrac{L}{\pi d_1}$
齿形角（2α）	$2\alpha=40°$，（齿形角 $\alpha=20°$）			
齿距（P）（调节）	$P=\pi w$	齿顶宽（f）	轴向	$f_x=0.843m_x$
导程（L）	$L=z_1P=z_1\pi w_z$		法向	$f_n=0.843m_x\cos\gamma$
全齿高（h）	$h=2.2m_x$	齿根槽宽（W）	轴向	$W_x=0.697m_x$
齿顶高（h_z）	$h_z=m_x$			
齿根高（h_f）	$h_z=1.2m_x$		法向	$W_n=0.697m_x\cos\gamma$
分度圆直径（d_1）	$d_1=qm_a$（q 为蜗杆直径系数）	齿厚（s）	轴向	$s_x=\dfrac{\pi m_x}{2}=\dfrac{P}{2}$
齿顶圆直径（d_z）	$d_z=d_1+2m_x$			
齿根圆直径（d_1）	$d_f=d_1-2.4m_x$ 或 $d_f=d_z-4.4m_x$		法向	$s_n=\dfrac{\pi m_x}{2}\cos\gamma=\dfrac{P}{2}\cos\gamma$

知识点四：车削蜗杆

蜗杆的加工方法与梯形螺纹加工方法基本一致。

知识点五：车削蜗杆易出现的问题以及注意事项

（1）车蜗杆前应先检验周节。

（2）使用两顶尖装夹时，分夹头应夹紧工件，否则车削蜗杆时工件容易移位，损坏工件。

（3）粗车蜗杆时应调整床鞍与床身间隙，减少床身窜动，提高机床刚性。

（4）车削大模数蜗杆时，为了提高粗车工件刚度，应使工件尽量伸长。

（5）精车时，车刀前角要大，刃口要平直，切屑要薄，低速，并加充足的切削液，减低表面粗糙度值，提高蜗杆精度。

知识点六：蜗杆的测量方法

1. 用单针或者三针测量

三针测量法与测量梯形螺纹的方法相同。但是蜗杆加工的图纸往往标注的是齿厚偏差，为了提高测量精度，可将齿厚偏差换算成三针 M 值偏差。

用三针测量时：　$\Delta M=\Delta S\cot(\alpha/2)=2.7475\Delta S$

用单针测量时：　$\Delta A=\Delta M\Delta S/2=1.3737\Delta S$

式中　ΔM——三针 M 值偏差；

　　　ΔA——单针 A 值偏差；

　　　ΔS——齿厚偏差。

2. 齿厚测量法

齿厚测量法是用齿厚游标卡尺测量分度圆直径处法向齿厚如图 6-11 所示。

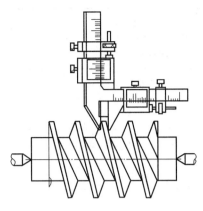

图 6-11　齿厚测量法

【训练项目】

训练项目一：（讨论）分析 6-9 蜗杆轴零件图，拟定工艺路线。

训练目的：掌握根据零件图分析零件加工要求、拟定加工路线。

训练内容：1. 学生预习相关知识点。

2. 学生观看教学视频。

3. 学生在教师指导下分析图 6-9 所示零件图和评价表 6-9。

4. 学生分组讨论，拟定加工工艺路线。

1. 技术要求

车削中径至要求，表面无毛刺，锐角倒钝。

2. 加工路线拟定（参考表 6-8）

表 6-8　蜗杆轴零件的加工路线

工序	工步	工 序 内 容	工 作 地 点
1	1	检查毛坯，找正夹紧	毛坯：ϕ45 mm×120 mm
2	1	车端面	车床
	2	钻中心孔	
3	1	掉头装夹，找正夹紧	车床
	2	车端面保证总长 115 mm	
	3	钻中心孔	
	4	一顶一夹装夹	
	5	粗车外圆 ϕ22mm 和 ϕ28mm	
4	1	掉头装夹，找正夹紧	车床
	2	粗车精车蜗杆 ϕ42mm，长 55 mm	
	3	倒角	

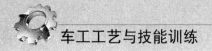

工序	工步	工 序 内 容	工 作 地 点
5	1	两顶尖装夹	车床
	2	精车蜗杆外径 $\phi42mm$	
	3	精车蜗杆至要求	
6	1	精车 $\phi28mm$ 和 $\phi22mm$	车床
	2	倒角	
7	1	检查	—

训练项目二：蜗杆轴加工操作训练。

训练目的：1. 车削蜗杆的三种加工方法。

2. 掌握蜗杆加工的操作手法。

3. 掌握蜗杆的检测方法。

训练内容：1. 各组组长强调安全文明生产。

2. 学生观看教师演示。

3. 学生分组操作练习。

训练项目三：蜗杆轴质量检测。

训练目的：熟悉蜗杆零件检测项目与方法。

训练内容：1. 学生了解检测项目。

2. 学生熟悉相应量具的使用方法。

3. 学生测量工件并填表 6-9。

【任务完成评价表】（见表 6-9）

表 6-9　蜗杆轴加工评价表

学生姓名	班级	组别	日期

一、功能检查，目测检查，操作方法　　　　　　　　　评分采用 10－9－7－5－0 分制

序号	零件号	检测项目	学生自测	教师检测
1	—	安全文明生产		
2	—	按图正确加工		
3	—	表面粗糙度 $Ra1.6$		
4	—	毛刺去除恰当		
结果				

续表

二、尺寸检测　　　　　　　　　　　　　　　　　　　　　　　评分采用 10—0 分制

零件号	序号	图纸尺寸	公差	实际尺寸		分数
				学生自测	教师检测	
1	1		$\phi 22$			
	2	2	$\phi 28$			
	3	3	15			
	4	4	20			
	5	5	$\phi 42$			
	6	6	55			
	7	7	50			
结果						

评分组	结果	因子	中间值	系数	成绩
功能、目测检查		0.4		0.3	
尺寸检测		0.7		0.7	

项目七

滚花加工

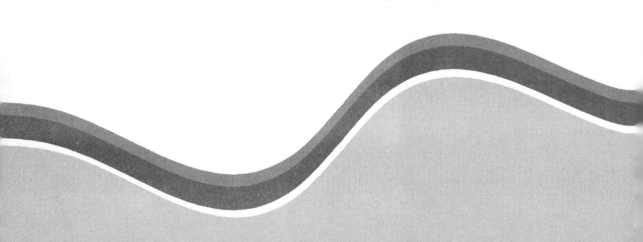

任务一　去毛刺工具

学习目标：

知识目标：

1. 了解滚花工件的作用和花纹的种类

2. 知道滚花刀的种类和选择

3. 掌握滚花时外圆直径的计算方法

能力目标：

1. 滚花刀的选择和安装

2. 掌握滚花的操作方法

【工作任务展示】 去毛刺工具的立体图如图 7-1 所示。其工作任务如图 7-2 所示。

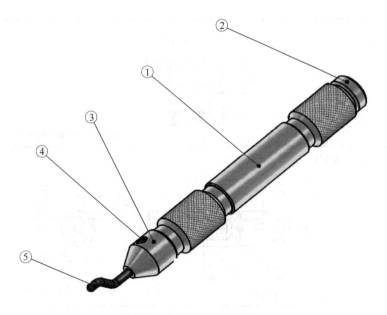

图 7-1　去毛刺工具立体图

1—手柄；2—尾部螺钉；3—刀套；4—销钉；5—去毛刺刀

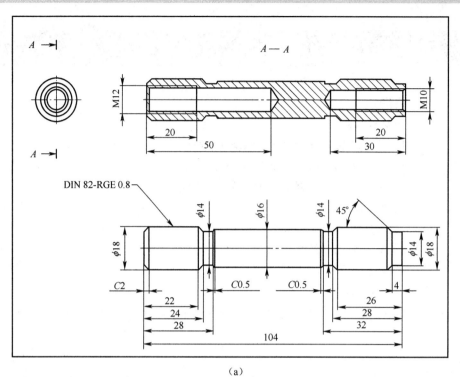

（a）

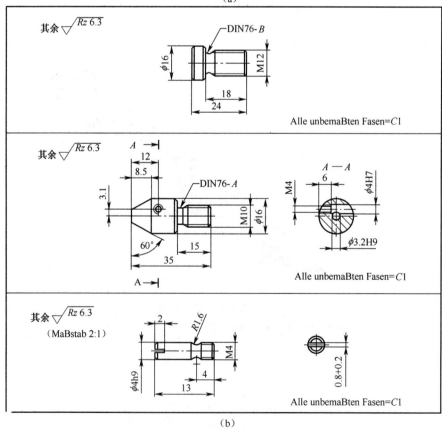

（b）

图 7-2　工作任务图

【工作任务分析】（见表 7-1）

表 7-1　工作任务分析栏

序号	工 作 流 程	任 务 要 求
1	分析去毛刺工具的零件图	滚花的技术要求，刀具、毛坯的选择
2	去毛刺工具零件的加工方案制定	拟定去毛刺工具加工工艺路线
3	实际操作车床严格	按照操作规程完成去毛刺工具车削加工
4	去毛刺工具的质量检测	观察滚花纹路是否清晰、美观
5	设备保养	要求学生按规定对机床进行保养，对场地进行清理、维护

【相关知识点】

知识点一：工件滚花的作用和花纹的种类

滚花的作用：增加磨擦力和使零件美观。

花纹的种类：直花纹、斜花纹、网花纹，如图 7-3 所示。

知识点二：滚花刀的种类和选择

滚花刀的种类：单轮、双轮、六轮，如图 7-4 所示。

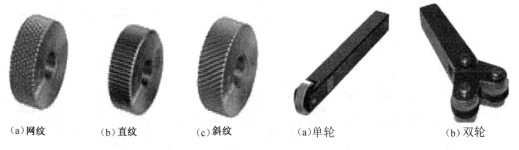

（a）网纹　　　（b）直纹　　　（c）斜纹　　　　　（a）单轮　　　　（b）双轮

图 7-3　滚花刀形状图　　　　　　　　图 7-4　滚花刀的种类

滚花刀的选择：单轮滚花刀是用来滚直纹和斜花纹的；双轮滚花刀是用来滚网纹的，由两只不同旋向的滚花刀组成一组；六轮滚花刀由三对网纹节距不同的滚轮组成，可以分别滚出粗细不同的三种网纹。滚花刀的直径一般为 20～25 mm。

知识点三：滚花时外圆直径的计算方法

由于滚花时产塑性变形，工件直径增大，所以将滚花外圆直径要车小约 $(0.2\sim0.5)P$，（P 为节距）或 $(0.8\sim1.7)m$，（m 为模数）。

知识点四：滚花刀的安装

滚花刀的安装时，将滚花刀的滚轮外圆素线应与工件轴线平行或有 $0°\sim1°$ 的夹角且其中心要与工件中心等高。

知识点五：滚花的操作方法

开始滚花时，挤压力较大，使工件一开始就形成较深的花纹，这样不容易乱纹。为了减小径向压力，可使滚花刀宽度的 1/2 或 1/3 进行挤压，使滚花刀与工件表面产生一个很小的夹角。即可纵向进给。滚花时应取较慢的转速，工件必须装夹牢固。滚花完成后倒尖角，去除毛刺后卸下工件。

由于滚花时挤压力较大，产生大量的切削热，因此应充分冷却与润滑，切削液还能使花纹表面清晰美观。

【训练项目】

训练项目一：分析如图 7-1 所示去毛刺工具零件图，拟定工艺路线。

训练目的：根据工作任务图 7-2 分析零件加工要求、拟定加工路线。

训练内容：1. 学生预习相关知识点。

2. 学生观看教学视频。

3. 学生在教师指导下分析图 7-1 所示零件图和评价表 7-3。

4. 学生分组讨论，拟定加工工艺路线。

1. 技术要求

该零件是去毛刺工具，为细小零件的加工。考虑工件 1 两端都要滚花，且两端都要钻孔攻丝，中间外圆 $\phi16$ mm 比两端滚花的直径 $\phi18$ mm 要小，总长为 104 mm；工件 2 就是一个螺钉，总长 24 mm；工件 3 左端是 8.5 mm×60°倒角，中间外圆 $\phi16$ mm，右端是 M10 外螺纹，中间有一 $\phi3.2$ mm 的通孔，$\phi16$ mm 外圆侧面钻有 $\phi4$ mm 的通孔，安放插销，锁紧去毛刺刀，总长为 35 mm；工件 4 是一插销，总长 13 mm。同时该工件有五处要用到成形刀切槽。

2. 加工路线拟定（参考表 7-2）

表 7-2　去毛刺零件的加工路线

工序	工步	工序内容	工作地点
1	1	检查毛坯，找正夹紧	毛坯：$\phi20$ mm×107 mm
2	1	车端面	车床
	2	车外圆 $\phi18$ mm×28 mm	
	3	滚花，长 24 mm	
	4	钻中心孔	
	5	倒角 C2	
3	1	取下工件，调头装夹	车床
4	1	车端面，保总长 104 mm	车床
	2	车外圆 $\phi18$ mm×32 mm	
	3	车外圆 $\phi14$ mm×4 mm	
	4	滚花，长 22 mm	
	5	倒角 C2	
	6	钻中心孔	
	7	钻孔 $\phi8.7$ mm×30 mm	
	8	攻螺纹 M10	

工序	工步	工序内容	工作地点
5	1	检查后，取下工件	—
6	1	一夹一顶（夹 ϕ14 mm×4 mm）	车床
7	1	成形刀切槽 4 mm×ϕ14 mm（两处）	车床
	2	车外圆 ϕ16 mm	
	3	检查后，取下工件	
8	1	调头装夹左端滚花部分，加铜皮	车床
9	1	钻孔 ϕ10.5 mm×50 mm	车床
	2	攻螺纹 M12	
10	1	检查后，取下工件 1	车床
11	1	检查毛坯，找正装夹	毛坯：ϕ20 mm×107 mm
12	1	车外圆 ϕ16 mm×24 mm	车床
	2	车 M12 螺纹外径 ϕ11.8 mm×18 mm	
	3	倒角 C1	
	4	成形刀切螺纹退刀槽	
	5	套螺纹 M12	
	6	切断	
13	1	检查后，取下毛坯，调头装夹工件 2	车床
14	1	车端面，确保总长为 24 mm	车床
	2	倒角 C1	
15	1	检查后，取下工件 2，装夹毛坯	车床
16	1	车端面	车床
	2	车外圆 ϕ4 mm×13 mm	
	3	成形刀 R1.6	
	4	倒角	
	5	套螺纹 M4	
	6	检查后，取下毛坯，调头装夹工件 4	
17	1	车端面，确保总长为 13 mm	车床
	2	倒角	
18	1	开一字槽	台虎钳

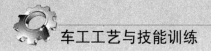

工序	工步	工序内容	工作地点
19	1	装夹毛坯（装夹长度为 7 mm）	车床
20	1	车外圆 ϕ16 mm 至卡爪处	车床
	2	车 M10 螺纹大径 ϕ9.8 mm×15 mm	
	3	倒角 C1	
	4	成形刀切螺纹退刀槽	
	5	套螺纹 M10	
21	1	检查后，取下工件 3，调头装夹	—
22	1	车端面，确保总长为 35 mm	车床
	2	钻中心孔	
	3	钻 ϕ3.2 mm 通孔	
	4	倒角 8.5×60°	
23	1	检查后，取下工件 3	—
24	1	划线（3.1 mm、12 mm）	划线平台
25	1	打样冲眼	台虎钳
26	1	钻孔 ϕ4 mm 通孔	钻床
27	1	检查后，取下工件 3	车床

训练项目二：滚花加工操作训练。

训练目的：1. 滚花刀的选择和安装。

2. 掌握滚花的操作方法。

训练内容：1. 各组组长强调安全文明生产。

2. 学生观看教师演示。

3. 学生分组操作练习。

训练项目三：滚花加工质量检测。

训练目的：熟悉轴类零件检测项目与方法。

训练内容：1. 学生了解检测项目。

2. 学生熟悉相应量具的使用方法。

3. 学生测量工件并填表 7-3。

【任务完成评价表】（见表 7-3）

表 7-3 滚花—去毛刺工具加工评价表

学生姓名	班级	组别	日期

一、功能检查，目测检查，操作方法　　　　　　　　　　　　评分采用 10－9－7－5－0 分制

序号	零件号	检测项目	学生自测	教师检测
1	—	安全文明生产		
2	—	按图正确加工		
3	—	表面粗糙度 $Ra1.6$		
4	—	毛刺去除恰当		
5	—	倒角九处		
6	—	成形刀沟槽		
7	—	滚花		
结果				

二、尺寸检测　　　　　　　　　　　　　　　　　　　　　　评分采用 10－0 分制

零件号	序号	图纸尺寸	公差	实际尺寸		分数
				学生自测	教师检测	
1	1	$\phi16$	—			
	2	$\phi14$（3 处）	—			
	3	104				
	4	4				
	5	24				
	6	28				
	7	M12	—			
	8	M10	—			
2	9	$\phi16$	—			
	10	24	—			
	11	18	—			
	12	M12	—			
3	13	35				
	14	15				

续表

零件号	序号	图纸尺寸	公差	实际尺寸		分数
				学生自测	教师检测	
3	15	$\phi16$	—			
	16	M10	—			
4	17	13				
	18	$\phi4$				
	19	M4	—			
结果						

评分组	结果	因子	中间值	系数	成绩
功能、目测检查		0.7		0.3	
尺寸检测		1.9		0.7	

任务二　铣床手动油泵手柄

学习目标：

知识目标：

会分析乱花原因和知道预防方法

能力目标：

1. 熟练掌握滚花的操作方法

2. 掌握防止乱花技能

【工作任务展示】 铣床手动油泵手柄的立体图，如图7-5所示。其工作任务如图7-6所示。

图7-5　铣床手动油泵手柄立体图

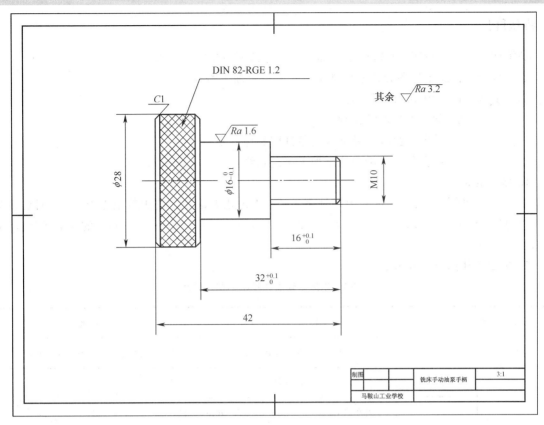

图 7-6 铣床手动油泵手柄工作任务图

【工作任务分析】（见表 7-4）

表 7-4 工作任务分析栏

序号	工 作 流 程	任 务 要 求
1	分析铣床手动油泵手柄的零件图	滚花的技术要求，刀具、毛坯的选择
2	铣床手动油泵手柄零件的加工方案的制定	拟定铣床手动油泵手柄加工工艺路线
3	实际操作车床	严格按照操作规程完成铣床手动油泵手柄车削加工
4	铣床手动油泵手柄的质量检测	观察滚花纹路是否清晰、美观
5	设备保养	要求学生按规定对机床进行保养，对场地进行清理、维护

【相关知识点】

知识点：工件滚花的乱花的原因

1. 滚花开始时进给压力太小或者滚花刀与工件接触面过大。

2. 滚花刀转动不灵活或者滚花刀与刀杆小轴配合间隙过大。

3. 工件转速太高，滚花刀与工件表面产生滑动。

4. 滚花刀中的有细屑或滚花刀磨损。

【训练项目】

训练项目一：分析图7-6铣床手动油泵手柄零件图，拟定工艺路线。

训练目的：根据零件图分析零件加工要求、拟定加工路线。

训练步骤：1. 学生预习相关知识点。

2. 学生观看教学视频。

3. 学生在教师指导下分析零件图和评分表。

4. 学生分组讨论，拟定加工工艺路线。

1. 技术要求

图7-6所示零件是铣床上的一手动油泵手柄。左端需要滚花，选用节距为$P=1.2$网纹滚花刀；中间是$\phi16$ mm×16 mm光轴，表面粗糙度为$Ra1.6$；右端是一长16 mm的M10螺纹，工件总长为42 mm。

2. 加工路线拟定（参考表7-5）

表7-5 铣床手动油泵手柄的加工路线

工序	工步	工序内容	工作地点
1	1	检查毛坯，找正夹紧	毛坯：$\phi30$ mm×45 mm
2	1	车端面	车床
	2	粗车外圆$\phi16_{-0.1}^{0}$ mm×$32_{0}^{+0.1}$ mm	
	3	精车外圆$\phi16_{-0.1}^{0}$ mm×$32_{0}^{+0.1}$ mm	
	4	粗车外圆$\phi10_{-0.2}^{-0.1}$ mm×$\phi16_{0}^{+0.1}$ mm	
	5	倒角$C1$	
3	1	套螺纹 M10	
4	1	检查后，取下工件，调头装夹	
5	1	车端面，确保总长为42 mm	车床
	2	车外圆$\phi28_{-0.6}^{-0.25}$ mm	
	3	滚花，长8 mm	
	4	倒角$C1$	
6	1	检查后，取下工件	

训练项目二：滚花加工质量检测

训练目的：熟悉滚花零件检测项目与方法

训练步骤：1. 学生了解检测项目。

2. 学生测量工件并填表7-6。

【任务完成评价表】（见表7-6）

表7-6 滚花一铣床手动油泵手柄的评价表

学生姓名	班级	组别	日期

一、功能检查，目测检查，操作方法　　　　　　　　　　　评分采用 10－9－7－5－0 分制

序号	零件号	检测项目	学生自测	教师检测
1	—	安全文明生产		
2	—	按图正确加工		
3	—	表面粗糙度 $Ra1.6$		
4	—	毛刺去除恰当		
5	—	倒角三处		
6	—	滚花		
	结果			

二、尺寸检测　　　　　　　　　　　　　　　　　　　　　　评分采用 10－0 分制

零件号	序号	图纸尺寸	公差	实际尺寸		分数
				学生自测	教师检测	
1	1	16	$^{+0.1}_{0}$			
	2	32	$^{+0.1}_{0}$			
	3	42	—			
	4	$\phi16$	$^{0}_{-0.1}$			
	5	M10	—			
	结果					

评分组	结果	因子	中间值	系数	成绩
功能、目测检查		0.6		0.3	
尺寸检测		0.5		0.7	

项目八

车成形面加工

任务一　车成形面

学习目标：

　　知识目标：

　　1. 熟悉成形面的特点和成形刀的种类及功能

　　2. 初步掌握双手控制法车成形面的方法

　　3. 了解成形面的其他加工方法

　　能力目标：

　　1. 掌握成形面的车削技能

　　2. 掌握成形面的检测技能

【**工作任务展示**】单球手柄的立体图如图 8-1 所示。其工作任务图样如图 8-2 所示。

图 8-1　单球手柄立体图

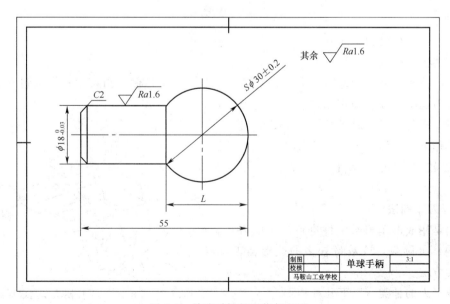

图 8-2　单球手柄的工作任务图

【工作任务分析】（见表 8-1）

表 8-1　工作任务分析栏

序号	工 作 流 程	任 务 要 求
1	分析单球手柄零件图	单球手柄的技术要求，材料、毛坯的选择
2	单球手柄加工方案制定	拟定单球手柄加工工艺路线
3	实际操作车床	严格按照操作规程完成单球手柄车削加工
4	单球手柄质量检测	利用游标卡尺和表面粗糙度样板检测单球手柄加工质量
5	设备保养	要求学生按规定对机床进行保养，对场地进行清理、维护

【相关知识点】

知识点一：成形面

在机床和刀具中，有些零件表面的轴向剖面呈曲线形，例如单球手柄、圆球等，具有这些特征的表面称为成形面见图 8-3。

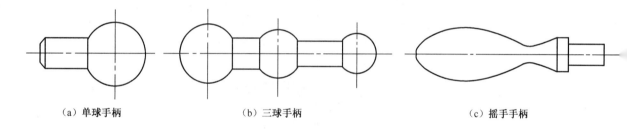

　　（a）单球手柄　　　　　　　　　（b）三球手柄　　　　　　　　　（c）摇手柄

图 8-3　成形面

知识点二：成形面的车削方法

1. 双手控制法

双手控制法车成形面就是用左手控制中滑板手柄，右手控制小滑板手柄，通过双手的协调动作，使车刀运动为纵、横进给的合运动，刀尖走过的轨迹与所要求的成形面曲线相仿，如图 8-4 所示。

这种操作方法灵活、方便，不需要其他的辅助工具，但需要较高的技术水平，多用于单件、小批生产。

2. 成形刀车削法

成形法是用成形车刀对工件进行加工的方法。车削较大的内、外圆弧，或数量较多的成形面工件时，常采用这种方法。

常用成形刀的种类有以下几种：

（1）整体式普通成形刀。这种成形刀与普通车刀

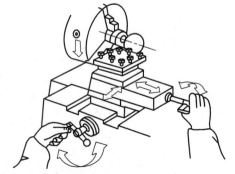

图 8-4　双手控制法车削成形面

相似，只是切削刃磨成和成形面表面相同的曲线状，如图 8-5 所示。

（2）圆形成形刀。这种成形刀的刀头做成圆轮形，在圆轮上开有缺口，以形成前刀面和主切削刃，如图 8-6（a）所示。使用时，为减小振动，通常将刀头安装在弹性刀杆上，如图 8-6（b）所示。为防止圆形刀头转动，在侧面做出端面齿，使之与刀杆侧面的端面齿相啮合。使用方法如图 8-6（c）所示。

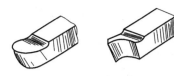

图 8-5 整体式普通成形刀

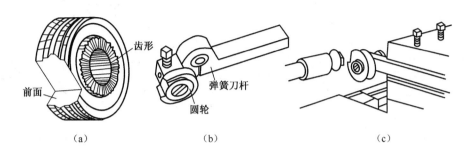

（a） （b） （c）

图 8-6 圆形成形刀

3. 仿形法

安装刀具仿形装置进给对工件进行加工的方法称为仿形法。其生产率高，质量稳定，适合于成批、大量生产。

（1）尾座靠模仿形法（见图 8-7）。

（2）靠模板仿形法（见图 8-8）。

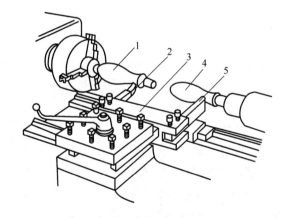

图 8-7 尾座靠模仿形法
1—工件；2—圆头车刀；3—长刀夹；
4—标准样件；5—靠模杆

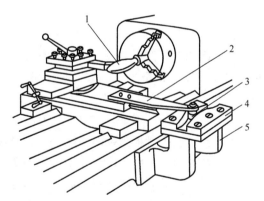

图 8-8 靠模板仿形法
1—工件；2—拉杆；3—滚柱；
4—靠模板；5—支架

4. 用专用刀具车削成形面

（1）手动车内外圆弧工具。车削时刀尖旋转中心、圆弧半径与工件成形面的旋转中心、圆弧半径相同，如图 8-9 所示。

（2）涡轮蜗杆车圆弧专用工具。利用涡轮蜗杆传动可实现车刀的回转运动，如图 8-10 所示。转动手柄时，转盘内的蜗杆就带动涡轮使车刀绕着圆盘的中心旋转，刀尖作圆周运动，即可车出成形面。

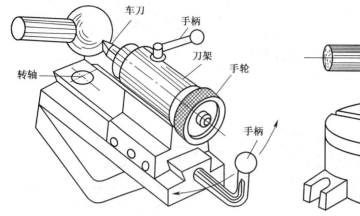

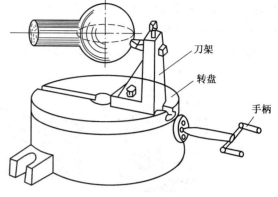

图 8-9　手动车内外圆弧工具　　　　　　图 8-10　涡轮蜗杆车圆弧专用工具

知识点三：单球手柄的车削方法

图 8-11 所示单球手柄的圆球部分采用双手控制法车削，具体步骤如下：

（1）计算出球部长度 L。

$$L = \frac{D + \sqrt{D^2 - d^2}}{2}$$

式中　L——圆球部分长度，mm；

　　　D——圆球直径，mm；

　　　d——柄部直径，mm。

（2）求出球部长度 L 值后，先将棒料直径车至略大于球的直径，然后在略大于圆球长度 L 的位置割一退刀槽。

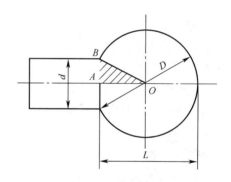

图 8-11　单球手柄

（3）准备车削单球用车刀，要求车刀的切削刃呈圆弧状，与切断刀相似。

（4）调整中、小滑板镶条的间隙，要求操作灵活，进退自如。

（5）调整好圆球的中心位置并用车刀刻线痕，以保证车圆球时左、右半球对称。

（6）双手同时摇动小滑板手柄和中滑板手柄，通过纵、横向合成运动车出球面形状。车削时要注意在不同圆弧段左、右手进给量多少的把握，最后，用样板或套环边检验边修正。

知识点四：成形面的检测方法

成形面精度的检验项目主要是形状、尺寸和表面粗糙度三项。

如图 8-12（a）所示。形状精度常用样板检验。检查时对准工件中心，并观察样板与工件之间的间隙大小。除样板外，还可用和球面直径相同的套环检验，利用观察其间隙的透光情况进行检测，如图 8-12（b）所示。尺寸精度常用外径千分尺检验。检验时应通过工件中心，并多次变换测量方向，使其测量精度在图样要求的范围内，如图 8-12（c）所示。表面粗糙度常用表面粗糙度样板对比进行检验。

【训练项目】

训练项目一：（讨论）分析图 8-2 所示单球手柄零件图，拟定工艺路线。

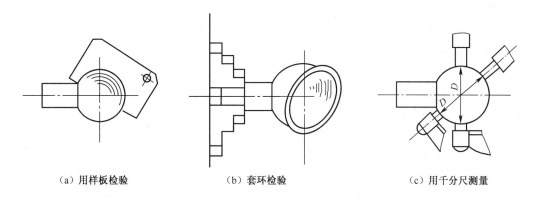

（a）用样板检验　　　　　（b）套环检验　　　　　（c）用千分尺测量

图 8-12　成形面的检测

训练目的：根据图 8-2 零件图分析零件加工要求，拟定加工路线。

训练内容：1. 学生预习相关知识点。

2. 学生观看教学视频。

3. 学生在教师指导下分析图 8-2 所示零件图和评分表 8-3。

4. 学生分组讨论，拟定加工工艺路线。

1. 技术要求分析

该零件为单球手柄，是典型的成形面加工，主要是训练学生双手控制车床中小滑板的熟练性，故采用双手控制法用 $R3$ 圆头车刀进行车削加工。

2. 加工路线拟定（参考表 8-2）

表 8-2　图 8-2 所示单球手柄零件的加工路线

工序	工步	工 序 内 容	工 作 地 点
1	1	检查毛坯，找正夹紧	毛坯：$\phi 35$ mm×60 mm
2	1	车端面	车床
	2	粗车外圆 $\phi 18_{-0.03}^{0}$ mm×28 mm	
	3	精车外圆 $\phi 18_{-0.03}^{0}$ mm×28 mm	
	4	倒角 $C2$	
3	1	调头装夹，找正夹紧（垫铜皮）	车床
	2	车端面	
	3	钻中心孔	
	4	一夹一尖装夹	
	5	粗车 $\phi 30\pm 0.2$ mm 外圆	
	6	车球面	
	7	表面修整	
4	1	检测，取下工件	—

训练项目二：单球手柄加工操作训练。

训练目的：熟悉车床操作，掌握双手控制法车削单球手柄。

训练内容：1. 各组组长强调安全文明生产。

2. 学生观看教师演示。

3. 学生分组操作练习。

训练项目三：单球手柄质量检测。

训练目的：熟悉成形面的检测项目与方法。

训练内容：1. 学生了解检测项目。

2. 学生熟悉相应量具的使用方法。

3. 学生测量工件并填表 8-3。

【任务完成评价表】（见表 8-3）

表 8-3　单球手柄加工评价表

学生姓名	班级	组别	日期

一、功能检查，目测检查，操作方法　　　　　　　　　　　　　　　　评分采用 10−9−7−5−0 分制

序号	零件号	检测项目	学生自测	教师检测
1	—	安全文明生产		
2	—	按图正确加工		
3	—	表面粗糙度 $Ra1.6$		
4	—	毛刺去除恰当		
	结果			

二、尺寸检测　　　　　　　　　　　　　　　　　　　　　　　　　　评分采用 10−0 分制

零件号	序号	图纸尺寸	公差	实际尺寸		分数
				学生自测	教师检测	
1	1	$\phi30$	±0.20			
	2	$\phi18$	—			
	3	55	—			
	4	L	—			
	结果					

评分组	结果	因子	中间值	系数	成绩
功能、目测检查		0.4		0.3	
尺寸检测		0.5		0.7	

任务二　表面修光

学习目标：

　知识目标：

　1. 了解表面修光常用工具

　2. 初步掌握表面修光的步骤

　能力目标：

　1. 掌握正确的表面修光技能

　2. 掌握成形面的检测技能

【工作任务展示】单球手柄的立体图，如图 8-13 所示。其工作任务图样如图 8-14 所示。

图 8-13　单球手柄立体图

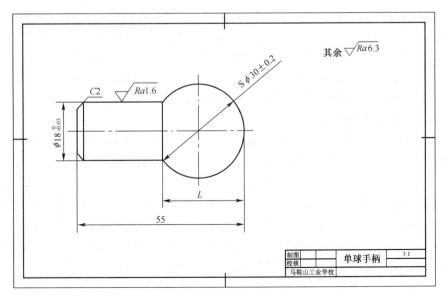

图 8-14　单球手柄

【工作任务分析】（见表 8-4）

表 8-4　工作任务分析栏

序号	工 作 流 程	任 务 要 求
1	分析单球手柄零件图	单球手柄的技术要求
2	单球手柄修饰方案制定	拟定单球手柄修饰方法
3	实际操作车床	按照操作规程完成单球手柄修饰
4	单球手柄质量检测	利用圆弧样板和表面粗糙度样板检测单球手柄修饰质量
5	设备保养	要求学生按规定对机床进行保养，对场地进行清理、维护

【相关知识点】

知识点一：用锉刀修光

经过精车后的工件成形面，如果还不能够光洁，特别是双手控制法车成形面，由于手动进给不均匀，工件表面有许多刀痕，这时可用锉刀、砂布进行修整抛光。

锉刀一般用碳素工具钢 IT12 制定，并经过热处理淬硬至 61～64HRC。锉刀用负前角切削，因此切削量较小。常用锉刀，按断面形状可分为平锉、半圆锉、圆锉、方锉和三角锉等；按齿纹可分为粗锉、细锉和特细锉。修整成形面时，一般用平锉和半圆锉。工件的余量一般在 0.1 mm 左右。精修时可用 5 号锉刀进行，其锉修余量在 0.05 mm 内，甚至还可以更少些。这样不易将工件锉扁。在锉削时，为了保证安全，最好用左手握柄，右手扶住锉刀前端锉削，以避免勾请伤人，如图 8-15 所示。用力不能过猛，不准用无柄锉刀。

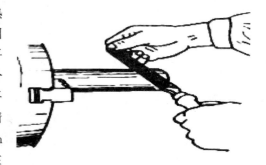

图 8-15　在车床上锉削的姿势

在车床上锉削时，推锉速度要慢，一般每分钟 40 次左右，压力要均匀，缓慢移动前进，否则会把工件锉扁或呈节状。并且锉削时的转速要选择合理，转速太高，容易磨钝；转速太低，容易把工件锉扁。锉削时，最好在锉齿面上涂上一层粉笔末，以防锉屑滞塞在齿缝里。为了防止锉屑散落在车床面，影响床身导轨精度，应垫护床板。

知识点二：用砂布抛光

工件经过锉削后，表面上仍会有细微条痕，这些细微条痕可以用砂布抛光的方法来去掉。在车床上用的砂布，一般是将刚玉砂粒粘结在布面上制成的。根据砂粒的粗细，常用的砂布有 00 号、0 号、1 号、1.5 号和 2 号。其号数越小，砂粒越细，抛光后的表面粗糙度值越小。用砂布抛光时，工件转速应选得较高，并使砂布在工件表面上慢慢来回移动。或把砂布垫在锉刀下面，用类似锉削的方法抛光。最后，在砂布上加少量的全损耗系统用油，以减小工件表面粗糙度值，还应利用外径千分尺对工件进行多方位地测量，使其尺寸公差满足工件精度要求。有时抛光的余量很小，也可以用手捏住砂布进行抛光，如图 8-16 所示。

图 8-16　用砂布抛光工件

【训练项目】

训练项目一：（讨论）分析图 8-14 所示单球手柄零件图，拟定修饰方法。

训练目的：根据零件图分析零件加工要求，拟定修饰方法。

训练内容：1. 学生预习相关知识点。

　　　　　2. 学生观看教学视频。

　　　　　3. 学生在教师指导下分析图 8-14 零件图和评分表 8-6。

　　　　　4. 学生分组讨论，拟定修饰方法。

1. 技术要求分析

该零件为单球手柄，圆球面表面粗糙度要求 $Ra6.3$。由于经过精车后的工件圆球面，表面有许多刀痕，还不能够光整，可先用锉刀、后用砂布进行修整抛光。

2. 加工路线拟定（参见表 8-5）

表 8-5　图 8-14 单球手柄的加工路线

工序	工步	工序内容	工作地点
1	1	检查毛坯，找正夹紧	车床
2	1	用锉刀修光	车床
	2	用砂布抛光	
3	1	检测，取下工件	—

训练项目二：单球手柄修饰操作训练。

训练目的：熟悉车床操作，掌握用锉刀、砂布修工件饰方法。

训练内容：1. 各组组长强调安全文明生产。

　　　　　2. 学生观看教师演示。

　　　　　3. 学生分组操作练习。

训练项目三：单球手柄质量检测。

训练目的：熟悉成形面的检测项目与方法。

训练内容：1. 学生了解检测项目。

　　　　　2. 学生熟悉相应量具的使用方法。

　　　　　3. 学生测量工件并填表 8-6。

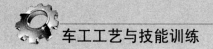

【任务完成评价表】（见表 8-6）

表 8-6 单球手柄加工评价表

学生姓名	班级	组别	日期

一、功能检查，目测检查，操作方法　　　　　　　　　　　评分采用 10－9－7－5－0 分制

序号	零件号	检测项目	学生自测	教师检测
1	—	安全文明生产		
2	—	按图正确加工		
3	—	表面粗糙度 $Ra6.3$		
4	—	用锉刀、砂布修整抛光后要求 圆球面成形达 90 ％以上		
	结果			

二、尺寸检测　　　　　　　　　　　　　　　　　　　评分采用 10－0 分制

零件号	序号	图纸尺寸	公差	实际尺寸		分数
				学生自测	教师检测	
—	1	$\phi30$	±0.20			
	结果					

评分组	结果	因子	中间值	系数	成绩
功能、目测检查		0.4		0.3	
尺寸检测		0.1		0.7	

项目九

特殊形状件加工

<hr />

任务一　车削偏心轴

【**工作任务展示**】偏心轴的立体图如图 9-1 所示。其零件图如图 9-2 所示。

图 9-1　偏心轴立体图

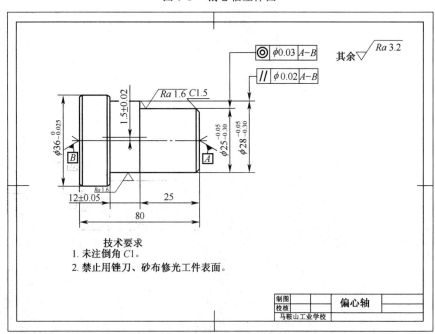

图 9-2　偏心轴零件图

【工作任务分析】（见表 9-1）

表 9-1　加工偏心轴零件的工作任务分析栏

序号	工　作　流　程	任　务　要　求
1	分析偏心轴零件图	偏心轴的技术要求，材料、毛坯的选择
2	偏心轴加工方案制定	拟定偏心轴加工工艺路线
3	实际操作车床	严格按照操作规程完成偏心轴车削加工
4	偏心轴质量检测	利用游标卡尺、千分尺、百分表和表面粗糙度样板检测偏心轴加工质量
5	设备保养	要求学生按规定对机床进行保养，对场地进行清理、维护

【相关知识点】

知识点一：相关概念

外圆与外圆或内孔与外圆的轴线平行而不重合（偏一个距离）的工件叫偏心工件。两轴之间距离叫偏心距 e，如图 9-3 所示。

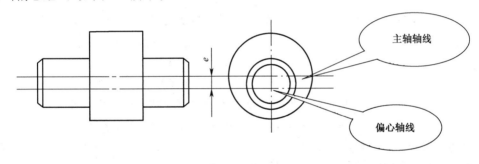

图 9-3　偏心距

知识点二：车削偏心工件常用的装夹方法

常用的有四爪单动卡盘装夹与找正的方法、用两顶尖装夹的方法、在三爪自定心卡盘上加垫片的方法。图 9-4 所示为三爪卡盘加垫片车削偏心工件。另外，在双重卡盘上装夹和用偏心卡盘装夹等方法。

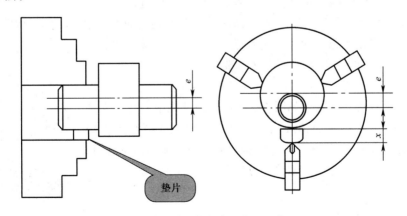

图 9-4　三爪卡盘车削偏心工件

利用四爪车偏心，必须先更换三爪为四爪单动卡盘，校准难度较大，费工时，精确度不高。两顶尖车偏心在两端预先钻偏心中心孔，然后采用二顶尖顶住，鸡心夹拨动，打中心孔精度很难保证。在专用夹具上加工，对生产批量较大为合适的加工方法，对小批量或单件生产采用三爪加工方法，既不用更换夹爪又不需要较大的辅具和费时的调整。

知识点三：偏心垫片的计算方法

垫片厚度 x 可按下列公式计算：$x=1.5e\pm k$

式中　x——垫片厚度，mm；

$\quad\quad e$——偏心距，mm；

$\quad\quad k$——偏心距修正值（由试车后求得，即是 $K\approx1.5\Delta e$），mm；正负值可按实测结果确定，（实测偏心距比工件要求的大，则垫片厚度的正确值应减去修正值；如果实测偏心距比工件要求的小，则垫片厚度的正确值应加上修正值）；

$\quad\quad \Delta e$——试切后，实测偏心距误差，mm。

例：在三爪自定心卡盘加垫片的方法车削偏心距 $e=3$ mm 的偏心工件，试试切后测得偏心距为 3.06 mm，计算垫片厚度 X。

解：先暂时不考虑修正值，初步计算垫片的厚度：

$$X=1.5e=1.5\times3 \text{ mm}=4.5\text{mm}$$

垫入 4.5 mm 厚的垫片进行试切削，然后检查其实际偏心距是 3.06 mm，那么其偏心距误差为

$$\Delta e=（3.06-3）\text{ mm}=0.06 \text{ mm}$$
$$k\approx1.5\Delta e=1.5\times0.06 \text{ mm}=0.09 \text{ mm}$$

由于实测偏心距比工件要求的大，则垫片厚度的正确值应减去修正值，即

$$x=1.5e-k=（1.5\times3-0.09）\text{ mm}=4.41 \text{ mm}$$

知识点四：偏心加工过程注意事项

（1）选用硬度较高的材料作为垫片，以防止在装夹时发生变形；

（2）偏心垫片的沿轴线方向的尺寸不能过小，否则不能保证偏心工件的平行度，不利于保证工件的正确定位。一般约为 15～30 mm；

（3）卡爪表面应平整，并与主轴轴线平行，不能呈锥形，以防工件装夹不牢固，在车削时弹出伤人；

（4）装夹时，工件轴线不能歪斜，否则会影响加工质量；

（5）由于工件装夹偏心后，刚开始车削时，工件作偏心回转。两边的切削量相差很多，车刀应远离工件后再启动车床，然后逐渐靠近工件，防止发生撞击；

（6）车偏心外圆的切削用量经车外圆时要小一些。

知识点五：检测偏心距

在偏心轴上检测偏心外圆：如图 9-5 所示，把基准中心孔顶在两顶尖间，安装好百分表，转动偏心轴，百分表指针最大值与最小值之差的一半为偏心距；检测偏心孔：把偏心孔套在心轴上，心轴顶在两顶尖间，其检测方法与偏心轴检测方法相同。

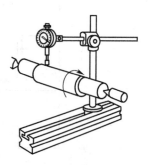

图 9-5　偏心轴的检测

【训练项目】

训练项目一：分析图 9-2 所示偏心轴零件图，拟定工艺路线。

训练目的：根据 9-2 零件图分析零件加工要求、拟定加工路线。

训练内容：1. 学生预习相关知识点。

2. 学生观看教学视频。

3. 学生在教师指导下分析图 9-2 所示零件图和评分表 9-3。

4. 学生分组讨论，拟定加工工艺路线。

1. 技术要求

该工件为一偏心轴，以两端中心孔轴线为其基准。左端外圆 $\phi36^{0}_{-0.025}$；右端是外圆 $\phi25^{-0.005}_{-0.030}$ mm $\times25$ mm，其轴线与基准轴线同轴，同轴度公差为 $\phi0.03$ mm，中间是一偏心距为 (1.5 ± 0.02) mm 外圆 $\phi28^{-0.005}_{-0.030}$ mm $\times(12\pm0.05)$ mm，其轴线与基准轴线平行，平行度公差为 $\phi0.02$ mm；工件总长为 80 mm。未注倒角为 C1。工件外圆轮廓的表面粗糙度 $Ra1.6\ \mu m$，使用硬质合金车刀，切削刃锋利，在转速较高，进给量较小的情况下，能达到要求。

2. 加工路线拟定（参考表 9-2）

表 9-2　图 9-2 所示的偏心轴的加工路线

工序	工步	工 序 内 容	工 作 地 点
1	1	检查毛坯，找正夹紧	毛坯：$\phi40$ mm $\times82$ mm
2	1	车端面	车床
	2	钻中心孔	
	3	粗车外圆 $\phi38$ mm	
3	1	调头装夹，找正夹紧	车床
	2	车端面，保证总长 80 mm	
	3	钻中心孔	
	4	两顶尖装夹	
	5	粗、精车 $\phi36^{0}_{-0.025}$ 外圆	
	6	粗、精车外圆 $\phi25^{-0.005}_{-0.030}$ mm $\times25$ mm	
	7	分别倒角 C1.5、C1	
4	1	装夹 $\phi36^{0}_{-0.025}$ mm，并用百分表找正	车床
	2	调整偏心距 (1.5 ± 0.02) mm（选择 2.25 mm 的偏心垫片进行试切削）	
	3	车外圆 $\phi28^{-0.005}_{-0.030}$ mm $\times(12\pm0.05)$ mm	
	4	倒角 C1	
5	1	检测，取下工件	

训练项目二：偏心轴加工操作训练。

训练目的：掌握在三爪自定心卡盘上用偏心垫片车削偏心轴的方法。

训练内容：1. 各组组长强调安全文明生产。

2. 学生观看教师演示。

3. 学生分组操作练习。

训练项目三：偏心轴加工质量检测。

训练目的：熟悉偏心轴零件检测项目与方法。

训练内容：1. 学生了解检测项目。

2. 学生熟悉相应量具的使用方法。

3. 学生测量工件并填表 9-3。

【任务完成评价表】（见表 9-3）

表 9-3　偏心轴加工评价表

学生姓名		班级		组别		日期	

一、功能检查，目测检查，操作方法　　　　　　　　　　　　　评分采用 10－9－7－5－0 分制

序号	零件号	检测项目	学生自测	教师检测
1	—	安全文明生产		
2	—	按图正确加工		
3	—	表面粗糙度 $Ra1.6$		
4	—	毛刺去除恰当		
5	—	倒角三处		
结果				

二、尺寸检测　　　　　　　　　　　　　　　　　　　　　　评分采用 10－0 分制

零件号	序号	图纸尺寸	公差	实际尺寸		分数
				学生自测	教师检测	
1	1	$\phi36$	$^{0}_{-0.025}$			
	2	$\phi28$	$^{-0.005}_{-0.030}$			
	3	$\phi25$	$^{-0.005}_{-0.030}$			
	4	1.5	±0.02			
	5	12	±0.05			
	6	25	—			
	7	80	—			
	8	◎ $\phi0.03$ $A\text{-}B$	—			
结果						

评分组	结果	因子	中间值	系数	成绩
功能、目测检查		0.5		0.3	
尺寸检测		0.8		0.7	

任务二　车削偏心套

学习目标：

　　知识目标：

　　1. 了解车削偏心套常用刀具、夹具、量具等

　　2. 了解偏心套的加工方法

　　能力目标：

　　1. 掌握在三爪自定心卡盘上用偏心垫片车削偏心套的方法

　　2. 掌握偏心套偏心距的常用测量方法

【工作任务展示】　　偏心套立体图如图 9-6 所示。偏心套零件图如图 9-7 所示。

图 9-6　偏心套立体图

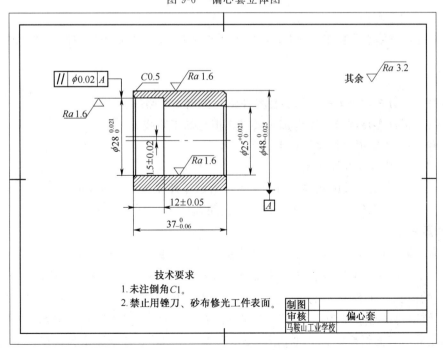

图 9-7　偏心套零件图

【工作任务分析】（见表 9-4）

表 9-4　偏心套零件的工作任务分析栏

序号	工 作 流 程	任 务 要 求
1	分析偏心套零件图	偏心套的技术要求，材料、毛坯的选择
2	偏心套加工方案制定	拟定偏心套加工工艺路线
3	实际操作车床	严格按照操作规程完成偏心轴车削加工
4	偏心套质量检测	利用游标卡尺、千分尺、百分表和表面粗糙度样板检测偏心套加工质量
5	设备保养	要求学生按规定对机床进行保养，对场地进行清理、维护

【相关知识点】

知识点一：偏心套

外圆与内孔的轴线平行而不重合（偏一个距离）的工件叫偏心套，如图 9-8 所示。

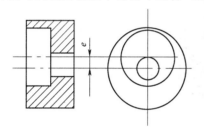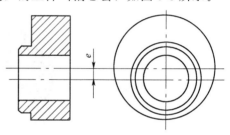

图 9-8　偏心套

知识点二：偏心套偏心距的测量

检测偏心孔：把偏心孔套在心轴上，心轴顶在两顶尖间，其检测方法与偏心轴检测方法相同。

【训练项目】

训练项目一：分析图 9-7 所示偏心套零件图，拟定工艺路线。

训练目的：根据零件图分析零件加工要求、拟定加工路线。

训练内容：1. 学生预习相关知识点。

2. 学生观看教学视频。

3. 学生在教师指导下分析图 9-7 所示零件图和评价表 9-6。

4. 学生分组讨论，拟定加工工艺路线。

1. 技术要求

该工件为一偏心套，以外圆 $\phi 48_{-0.025}^{0}$ mm 为基准圆。左端内孔 $\phi 28_{0}^{+0.021}$ mm×（12±0.05）mm，偏心距为（1.5±0.02）mm，其轴线与基准轴线平行，平行度公差为 $\phi 0.02$ mm；右端是 $\phi 25_{0}^{+0.021}$ mm 的内孔。工件总长为 $37_{-0.06}^{0}$ mm。未注倒角为 C1。工件外圆轮廓的表面粗糙度 $Ra1.6\ \mu m$，使用硬质合金车刀，切削刃锋利，在转速较高，进给量较小的情况下，能达到要求。工件内轮廓的表面粗糙度 $Ra1.6\ \mu m$，使用高速钢车刀，在切削刃锋利，在转速较低，进给量较小的情况下，充分浇注切削液的情况下，能达到要求。

2. 加工路线拟定（参考表 9-5）

表 9-5　图 9-7 所示的偏心套的加工路线

工序	工步	工 序 内 容	工 作 地 点
1	1	检查毛坯，找正夹紧	毛坯：$\phi50$ mm×40 mm
2	1	车端面	车床
	2	钻中心孔	
	3	钻 $\phi22$ mm 通孔	
	4	粗、精车外圆 $\phi48_{-0.025}^{0}$ mm×30 mm	
	5	粗、精车 $\phi25_{0}^{+0.021}$ mm 通孔	
3	1	调头装夹 $\phi48$ mm，找正夹紧	车床
4	1	车端面	车床
	2	粗、精车外圆 $\phi48_{-0.025}^{0}$ mm	
	3	外倒角 C1	
5	1	取下工件，加偏心垫片，并用百分表找正	车床
6	1	调整偏心距 (1.5 ± 0.02) mm（选择 2.25 mm 的偏心垫片进行试切削）	车床
	2	粗、精车内孔 $\phi28_{0}^{+0.021}$ mm×(12 ± 0.05) mm	
	3	内倒角 C1	
7	1	调头装夹	车床
8	1	车端面，保证总长 $37_{-0.06}^{0}$ mm	车床
	2	内外倒角	
9	1	检查后，取下工件	—

训练项目二：偏心套加工操作训练。

训练目的：掌握在三爪自定心卡盘上用偏心垫片车削偏心套的方法。

训练内容：1. 各组组长强调安全文明生产。

　　　　　2. 学生观看教师演示。

　　　　　3. 学生分组操作练习。

训练项目三：偏心套加工质量检测。

训练目的：熟悉偏心套零件检测项目与方法。

训练内容：1. 学生了解检测项目。

　　　　　2. 学生熟悉相应量具的使用方法。

　　　　　3. 学生测量工件并填表 9-6。

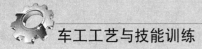

【任务完成评价表】（见表 9-6）

表 9-6 偏心套加工评价表

学生姓名	班级	组别	日期

一、功能检查，目测检查，操作方法 　　　　　　　　　　　　　　评分采用 10－9－7－5－0 分制

序号	零件号	检测项目	学生自测	教师检测
1	—	安全文明生产		
2	—	按图正确加工		
3	—	表面粗糙度 $Ra1.6$		
4	—	毛刺去除恰当		
5	—	倒角四处		
	结果			

二、尺寸检测 　　　　　　　　　　　　　　　　　　　　　　　　　　评分采用 10－0 分制

零件号	序号	图纸尺寸	公差	实际尺寸		分数
				学生自测	教师检测	
1	1	$\phi48$	$_{-0.025}^{\ 0}$			
	2	$\phi25$	$_{\ 0}^{+0.021}$			
	3	$\phi28$	$_{\ 0}^{+0.021}$			
	4	1.5	±0.02			
	5	12	±0.05			
	6	37	$_{-0.06}^{\ 0}$			
	7	$\boxed{//}\ \phi0.02\ \boxed{A}$	—			
	结果					

评分组	结果	因子	中间值	系数	成绩
功能、目测检查		0.5		0.3	
尺寸检测		0.7		0.7	

任务三 车 削 曲 轴

学习目标：

知识目标：

了解曲轴的作用和用途

能力目标：

1. 掌握曲轴的加工方法

2. 学会制定复杂零件的加工工艺

3. 掌握曲轴加工的装夹方法

【**工作任务展示**】曲轴的立体图如图 9-9 所示，曲轴零件图如图 9-10 所示。

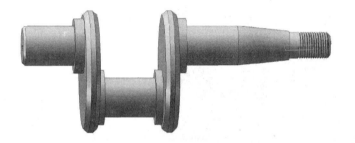

图 9-9 曲轴立体图

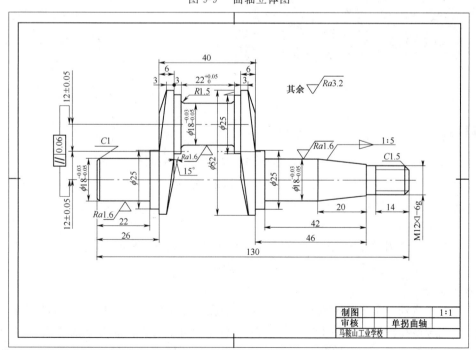

图 9-10 曲轴零件图

【**工作任务分析**】（见表 9-7）

表 9-7　曲轴零件的工作任务分析栏

序号	工 作 流 程	任 务 要 求
1	分析曲轴零件图	曲轴的技术要求，材料、毛坯的选择
2	曲轴加工方案制定	拟定曲轴加工工艺路线
3	实际操作车床	严格按照操作规程完成曲轴车削加工
4	曲轴质量检测	利用游标卡尺、千分尺、百分表和表面粗糙度样板检测曲轴加工质量
5	设备保养	要求学生按规定对机床进行保养，对场地进行清理、维护

【**相关知识点**】

知识点一：曲轴

曲轴实际上是一种偏心工件，但曲轴的偏心距比一般的偏心工件的偏心距大，如图 9-11 所示。曲轴根据其用途不同，有两拐、四拐、六拐和八拐等几种。

知识点二：曲轴偏心距的测量

曲轴偏心距的检测方法与偏心轴检测方法相同，如图 9-12 所示。

图 9-11　曲轴

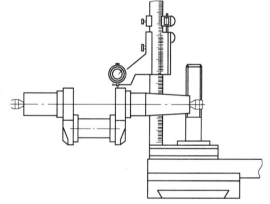

图 9-12　曲轴偏心距的测量

【**训练项目**】

训练项目一：分析图 9-10 所示曲轴零件图，拟定工艺路线。

训练目的：根据零件图分析零件加工要求、拟定加工路线。

训练内容：1. 学生预习相关知识点。

　　　　　2. 学生观看教学视频。

　　　　　3. 学生在教师指导下分析 9-10 所示零件图和评分表 9-9。

　　　　　4. 学生分组讨论，拟定加工工艺路线。

1. 技术要求

该工件为一曲轴，车削曲轴最常用的方法就是在两顶尖间车削。但由于曲轴两端主轴颈较小，一般不能直接在轴端面上钻出偏心部分的中心孔，所以较大曲轴一般都在两端留有工艺轴颈或装上偏心夹板。但由于此次加工曲轴尺寸较小，故采用直接在轴端面上钻出偏心部分的中心孔，然后用两顶尖装夹。两偏心部分轴线的平行度公差为 0.08 mm。工件外圆轮廓的表面粗

糙度 $Ra1.6\ \mu m$，使用硬质合金车刀，切削刃锋利，在转速较高，进给量较小的情况下，能达到要求。工件内轮廓的表面粗糙度 $Ra1.6\ \mu m$，使用高速钢车刀，在切削刃锋利，在转速较低，进给量较小的情况下，充分浇注切削液的情况下，能达到要求。

2. 加工路线拟定（参考表 9-8）

表 9-8　图 9-10 所示曲轴零件的加工路线

工序	工步	工序内容	工作地点
1	1	检查毛坯，找正夹紧	毛坯：$\phi 60$ mm×133 mm
2	1	车端面	车床
	2	钻中心孔	
3	1	调头装夹	车床
4	1	车端面，保证总长 130 mm	车床
	2	钻中心孔	
5	1	两顶尖装夹	车床
	2	车外圆 $\phi 52$ mm	
6	1	划两端面的主轴颈部分和曲轴颈部分偏心孔的十字中心线及找正圆周线	划线平台、V 形架
	2	打样冲眼（共 4 个）	
7	1	钻中心孔（共 4 个）	坐标镗床
8	1	两顶尖装夹（曲柄颈轴线位置的中心孔）	车床
	2	车曲柄圆 $\phi 25$ mm×28 mm	
	3	粗、精车 $\phi 18_{-0.05}^{-0.03}$ mm×$22_{0}^{+0.25}$ mm	
	4	倒圆角 $R1.5$	
	5	内侧倒角 3×15°（两处）	
9	1	中间凹槽用螺钉螺母支撑	—
10	1	调头，两顶尖装夹（主轴颈轴线位置的中心孔）	车床
11	1	车外圆 $\phi 25$ mm×26 mm	车床
	2	粗、精车 $\phi 18_{-0.05}^{-0.03}$ mm×22 mm	
	3	倒角 $C1$	
12	1	检查后，取下工件	—
13	1	调头，两顶尖装夹（主轴颈轴线位置的中心孔）	车床
	2	粗车外圆 $\phi 25$ mm×64 mm	
	3	粗车 $\phi 18_{-0.05}^{-0.03}$ mm×60 mm	
	4	粗、精车 M12×1-6 g 外径 $\phi 12_{-0.13}^{0}$ mm×18 mm	
	5	精车 $\phi 25$ mm×4 mm	
	6	精车 $\phi 18_{-0.05}^{-0.03}$ mm×60 mm	
	7	粗、精车 1∶5 外圆锥	
	8	粗、精车 M12×1-6g 螺纹	
	9	外侧倒角 3×15°（两处）	
	10	检查后，取下工件	

训练项目二：曲轴加工操作训练。

训练目的：1. 掌握曲轴的加工方法。

2. 学会制定复杂零件的加工工艺。

训练内容：1. 各组组长强调安全文明生产。

2. 学生观看教师演示。

3. 学生分组操作练习。

训练项目三：曲轴加工质量检测

训练目的：熟悉曲轴零件检测项目与方法

训练内容：1. 学生了解检测项目。

2. 学生熟悉相应量具的使用方法。

3. 学生测量工件并填表 9-9。

【任务完成评价表】（见表 9-9）

表 9-9　曲轴加工评价表

学生姓名		班级	组别	日期

一、功能检查，目测检查，操作方法				评分采用 10−9−7−5−0 分制
序号	零件号	检测项目	学生自测	教师检测
1	—	安全文明生产		
2	—	按图正确加工		
3	—	表面粗糙度 $Ra1.6$		
4	—	毛刺去除恰当		
5	—	倒角十处		
	结果			

二、尺寸检测　　　　　　　　　　　　　　　　　　　　　　　　评分采用 10−0 分制

零件号	序号	图纸尺寸	公差	实际尺寸		分数
				学生自测	教师检测	
1	1	$\phi18$（左）	$^{-0.03}_{-0.05}$			
	2	$\phi18$（中）	$^{-0.03}_{-0.05}$			
	3	$\phi18$（右）	$^{-0.03}_{-0.05}$			
	4	$\phi25$（左）	—			
	5	$\phi25$（中）	—			
	6	$\phi25$（右）	—			
	7	$\phi52$				
	8	1∶5 圆锥				
	9	M12×1-6g	—			

续表

零件号	序号	图纸尺寸	公差	实际尺寸		分数
				学生自测	教师检测	
1	10	130	—			
	11	22	—			
	12	26	—			
	13	40	—			
	14	22	$^{+0.3}_{0}$			
	15	46	—			
	16	42、20	—			
	17	14	—			
	18	// $\phi0.02$ A	—			
	结果					

评分组	结果	因子	中间值	系数	成绩
功能、目测检查		0.5		0.3	
尺寸检测		1.5		0.7	

项目十

综合零件加工

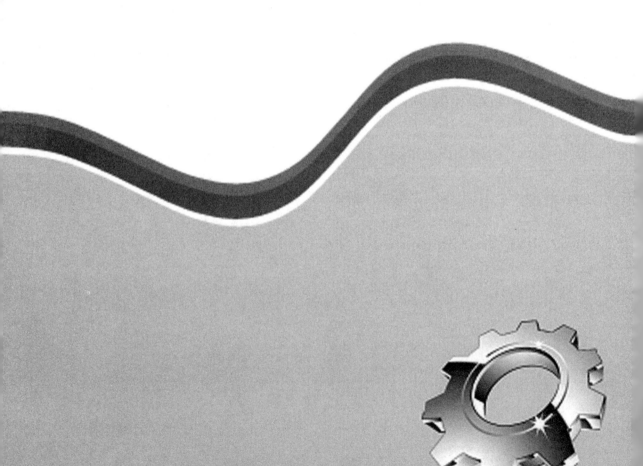

任务一　三件台阶组合零件的加工

学习目标：

知识目标：

1. 能够正确的读懂零件图

2. 根据图样要求，制订合理的加工工艺路线

能力目标：

1. 能够合理处理加工过程中遇到的各种问题

2. 能够对工件质量进行综合检测和分析

【工作任务展示】三件台阶组合零件的立体图如图 10-1 所示。如图 10-2 所示为三件台阶组合零件配合图。如图 10-3 至图 10-5 分别为心轴、通孔套、螺纹套的工作任务图纸。

图 10-1　三件台阶组合零件立体图

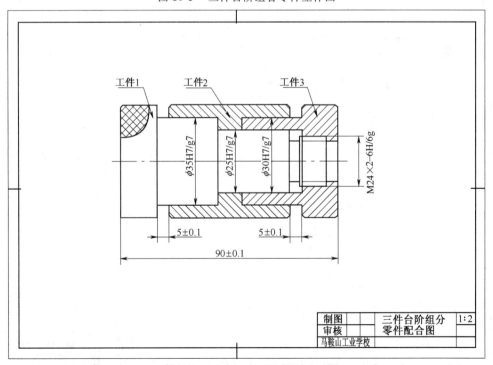

图 10-2　三件台阶组合零件配合图

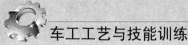

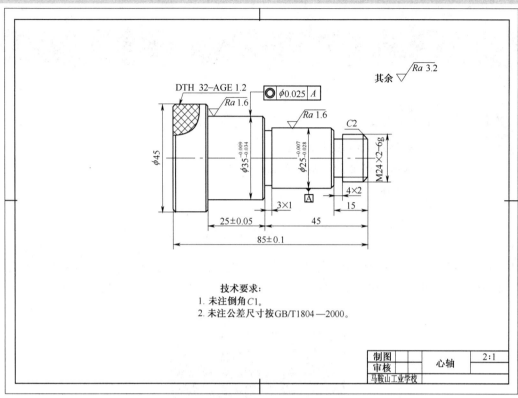

技术要求：
1. 未注倒角C1。
2. 未注公差尺寸按GB/T1804—2000。

制图		心轴	2:1
审核			
马鞍山工业学校			

图 10-3　心轴

技术要求：

1. 未注倒角C1。

2. 未注公差尺寸按GB/T1804—2000。

制图		通孔轴	2:1
审核			
马鞍山工业学校			

图 10-4　通孔套

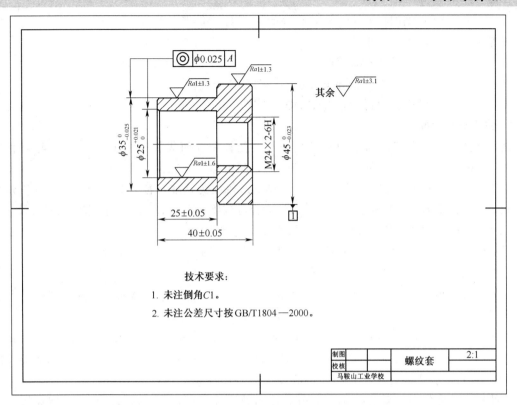

技术要求：

1. 未注倒角C1。

2. 未注公差尺寸按GB/T1804—2000。

制图		螺纹套	2:1
校核			
	马鞍山工业学校		

图 10-5　螺纹套

【工作任务分析】（见表 10-1）

表 10-1　三件台阶组合零件的工作任务分析栏

序号	工 作 流 程	任 务 要 求
1	分析三件台阶组合零件零件图	三件台阶组合零件的技术要求，材料、毛坯的选择
2	三件台阶组合零件加工方案制定	拟定偏三件台阶组合零件加工工艺路线
3	实际操作车床	严格按照操作规程完成偏心轴车削加工
4	三件台阶组合零件质量检测	利用游标卡尺、千分尺、百分表和表面粗糙度样板检测偏心轴加工质量
5	设备保养	要求学生按规定对机床进行保养，对场地进行清理、维护

【相关知识点】

知识点一：滚花的方法

滚花的操作方法详见学习项目七相关介绍。

知识点二：内外三角螺纹的车削方法

内外三角螺纹的车削方法详见学习项目五相关介绍。

【训练项目】

训练项目一：分析图 10-2 所示三件台阶配合零件图，拟定工艺路线。

训练目的：1. 能够正确的读懂零件图。

2. 根据图样要求，制订合理的加工工艺路线。

训练内容：1. 学生预习相关知识点。

2. 学生观看教学视频。

3. 学生在教师指导下分析零件图和评分表。

4. 学生分组讨论，拟定加工工艺路线。

1. 技术要求分析

该配合件是由三个工件通过内外三角螺纹、孔轴配合而成。如图 10-2 所示。配合后总长（90±0.1）mm；工件 1、2 和工件 2、3 配合后，间隙均为（5±0.1）mm。

工件 1 是配合中的基准件，以中间外圆 $\phi25$ mm 轴线为基准，右端是 M24×2-6g 外三角螺纹和 4 mm×2 mm 退刀槽，车外三角螺纹外圆的大径应该要约小 0.13P；中间外圆为 $\phi35^{-0.009}_{-0.034}$ mm×（25±0.05）mm 的轴线与基准轴线同轴，其同轴度公差为 $\phi0.025$ mm；左端是滚花 $p=1.2$ mm，滚花的外圆应该要小（0.2~0.5）P mm；工件 1 总长（85±0.1）mm，如图 10-3 所示。

工件 2 是通孔套，其主要特点是左右对称，以外圆 $\phi45^{0}_{-0.025}$ mm 为基准圆。左右端内孔 $\phi35^{0.025}_{0}$ mm×（20±0.05）mm 和中间孔 $\phi25^{0.021}_{0}$ mm 和轴线都与基准轴线同轴，其同轴度公差均为 $\phi0.023$ mm；工件总长（50±0.05）mm，如图 10-4 所示。

工件 3 为螺纹套，以外圆 $\phi45^{0}_{-0.025}$ mm 为基准圆。外圆 $\phi35^{0}_{-0.025}$ mm×（25±0.05）mm 和内孔 $\phi25^{0.021}_{0}$ mm×25 mm 的轴线与基准轴线同轴，其同轴度公差为 $\phi0.025$ mm，内表面是内螺纹 M24×2-6H；工件总长（40±0.05）mm，如图 10-5 所示。

工件外圆轮廓的表面粗糙度 $Ra1.6\mu m$，使用硬质合金车刀，在切削刃锋利，转速较高，进给量较小的情况下，能达到要求。工件内轮廓的表面粗糙度 $Ra1.6\mu m$，使用高速钢车刀，在切削刃锋利，转速较低，进给量较小的情况下，充分浇注切削液的情况下，能达到要求。

2. 加工路线拟定（参考表 10-2）

表 10-2　图 10-2 所示三件台阶组合零件的加工路线

工序	工步	工 序 内 容	工 作 地 点
1	1	检查毛坯，找正夹紧	毛坯 $\phi50$ mm×195 mm
2	1	车端面	车床
	2	钻中心孔	
	3	一夹一顶装夹	
	4	粗车外圆 $\phi45.5$ mm×90 mm、$\phi35.5$ mm×70 mm、$\phi25.5$ mm×45 mm	
	5	滚花，节距 $p=1.2$ mm	
	6	车槽 4 mm×2 mm	
	7	车螺纹大径 $\phi24^{0}_{-0.26}$ mm	
	8	倒角 C2	
	9	车 M24×2-6g 外三角螺纹	
	10	车 $\phi35^{-0.009}_{-0.034}$ mm×（25±0.05）mm	
	11	车 $\phi25^{-0.007}_{-0.028}$ mm	
	12	车工艺槽 3 mm×1 mm	
	13	倒角 C1	
	14	检查后，切断工件 1	

工序	工步	工 序 内 容	工 作 地 点
3	1	调头装夹 $\phi25$ mm，找正夹紧	
4	1	车端面，保证总长（85 ± 0.1）mm	
	2	倒角 C1	
	3	检查后，取下工件1	
5	1	检查毛坯，找正夹紧	车床
	2	车端面	
	3	钻中心孔	
	4	钻孔 $\phi22$ mm×60 mm	
	5	粗、精车外圆 $\phi45$ mm×55 mm	
	6	粗、精车内孔 $\phi25_{0}^{+0.021}$ mm×50 mm	
	7	粗、精车内孔 $\phi35_{0}^{0.025}$ mm×（20 ± 0.05）mm	
	8	倒角 C1	
	9	检查后，取下工件2	
6	1	调头装夹 $\phi45$ mm，找正夹紧	
7	1	车端面，总长（50 ± 0.05）mm	车床
	2	粗、精车内孔 $\phi35_{-0.025}^{0}$ mm×（20 ± 0.05）mm	
	3	倒角 C1	
	4	检查后，取下工件2	
8	1	装夹工件3，找正夹紧	
9	1	车端面	车床
	2	钻中心孔	
	3	钻 $\phi20$ mm 通孔	
	4	粗、精车内孔 $\phi25_{0}^{+0.021}$ mm×25 mm	
	5	粗、精车外圆 $\phi35_{-0.025}^{0}$ mm×（25 ± 0.05）mm	
	6	倒角 C1	
	7	检查后，取下工件3	
10	1	调头装夹 $\phi35$ mm，找正夹紧	车床
	2	车端面，总长（40 ± 0.05）mm	
	3	车 $\phi22$ mm 螺纹孔	
	4	倒角 C1	
	5	车 M24×2-6g 内三角螺纹	
	6	粗、精车 $\phi45_{-0.025}^{0}$ mm	
	7	倒角	
	8	检查后，取下工件3	

训练项目二：三件台阶组合零件加工操作训练。

训练目的：1. 能够合理处理加工过程中遇到的各种问题。

2. 能够对工件质量进行综合检测和分析。

训练内容：1. 各组组长强调安全文明生产。

2. 学生观看教师演示。

3. 学生分组操作练习。

训练项目三：三件台阶组合零件加工质量检测。

训练目的：熟悉复杂的配合零件检测项目与方法。

训练内容：1. 学生了解检测项目。

2. 学生熟悉相应量具的使用方法。

3. 学生测量工件并填表 10-3。

【任务完成评价表】（见表 10-3）

表 10-3　三件台阶组合零件加工评价表

学生姓名	班级	组别	日期

一、功能检查，目测检查，操作方法　　　　　　　　　评分采用 10－9－7－5－0 分制

序号	零件号	检测项目	学生自测	教师检测
1	—	安全文明生产		
2	—	按图正确加工		
3	—	表面粗糙度 $Ra1.6$		
4	—	毛刺去除恰当		
5	—	滚花 $p=1.2$		
6	—	倒角十四处		
	结果			

二、尺寸检测　　　　　　　　　　　　　　　　　　评分采用 10－0 分制

零件号	序号	图纸尺寸	公差	实际尺寸 学生自测	实际尺寸 教师检测	分数
1	1	$\phi35$	$^{-0.009}_{-0.034}$			
	2	$\phi25$	$^{-0.007}_{-0.028}$			
	3	M24×2-6g	—			
	4	15	—			
	5	4×2	±0.05			
	6	3×1	—			
	7	45	—			
	8	25	±0.05			
	9	85	±0.1			

零件号	序号	图纸尺寸	公差	实际尺寸		分数
				学生自测	教师检测	
1	10	◎ ϕ0.025 A	—			
2	1	左 ϕ35	$^{+0.025}_{0}$			
	2	ϕ25	$^{-0.021}_{0}$			
	3	右 ϕ35	$^{+0.025}_{0}$			
	4	ϕ45	$^{0}_{0.025}$			
	5	25	±0.05			
	6	25	±0.05			
	7	50	±0.05			
	8	◎ ϕ0.025 A （3处）	—			
3	1	ϕ35	$^{0}_{-0.025}$			
	2	ϕ25	$^{+0.021}_{0}$			
	3	ϕ45	$^{0}_{-0.025}$			
	4	M24×2-6H	—			
	5	25	±0.05			
	6	40	±0.05			
	7	◎ ϕ0.025 A （2处）	—			
配合	1	5（左）	±0.1			
	2	5（右）	±0.1			
	3	90	±0.05			
结果						

评分组	结果	因子	中间值	系数	成绩
功能、目测检查		0.6		0.3	
尺寸检测		2.5		0.7	

任务二　内外圆锥三件组合零件的加工

学习目标：

知识目标：

1. 能够正确的读懂零件图

2. 根据图样要求，制订合理的加工工艺路线

能力目标：

1. 能够合理处理加工过程中遇到的各种问题

2. 能够对工件质量进行综合检测和分析

【工作任务展示】

内外圆锥三件组合零件的立体图如图 10-6 所示。三件台阶组合零件配合图如图 10-7 所示。梯形螺纹锥轴如图 10-8 所示。锥孔套如图 10-9 所示。

图 10-6　内外圆锥三件组合零件立体图

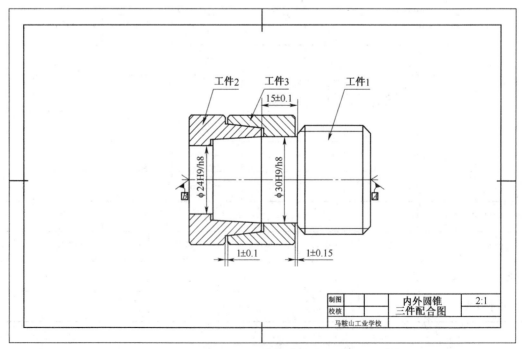

图 10-7　三件台阶组合零件配合图

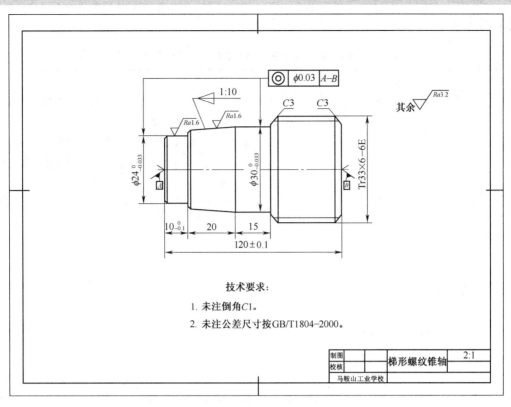

图 10-8 梯形螺纹锥轴

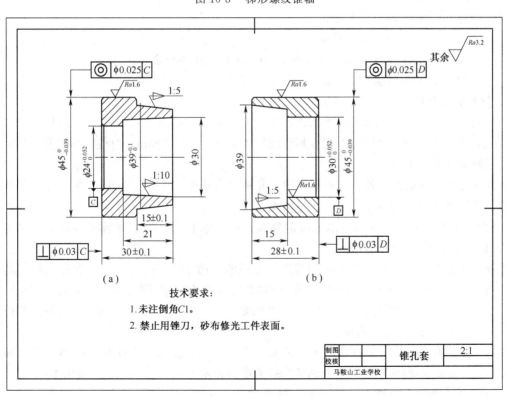

图 10-9 锥孔套

【工作任务分析】（见表 10-4）

表 10-4　内外圆锥三件组合零件的工作任务栏

序号	工 作 流 程	任 务 要 求
1	分析内外圆锥三件组合零件图	内外圆锥三件零件的技术要求，材料、毛坯的选择
2	内外圆锥三件零件加工方案制定	拟定内外圆锥三件零件加工工艺路线
3	实际操作车床	严格按照操作规程完成偏心轴车削加工
4	内外圆锥三件零件质量检测	利用游标卡尺、千分尺、百分表和表面粗糙度样板检测偏心轴加工质量
5	设备保养	要求学生按规定对机床进行保养，对场地进行清理、维护

【相关知识点】

知识点一：内外圆锥的车削方法

内外圆锥的车削方法详见学习项目四相关介绍。

知识点二：梯形螺纹的车削方法

梯形螺纹的车削方法详见学习项目六相关介绍。

【训练项目】

训练项目一：分析图 10-7 所示的内外圆锥三件配合零件图，拟定工艺路线。

训练目的：根据零件图分析零件加工要求、拟定加工路线。

训练内容：1. 学生预习相关知识点。

2. 学生观看教学视频。

3. 学生在教师指导下分析图 10-7 零件图和评分表 10-6。

4. 学生分组讨论，拟定加工工艺路线。

1. 技术要求分析

该配合件是由三个工件通过内外圆锥、孔轴配合而成，如图 10-7 所示。配合后总长（75±0.1）mm；工件 1、2 和工件 2、3 配合后，间隙均为（1±0.1）mm。内外锥面的配合用涂色法检验，接触面达 50% 以上。

工件 1 是配合中的基准件，以两端的中心孔轴线为基准，外圆 ϕ24 mm、ϕ30 mm 与基准轴线同轴，其同轴度公差为 ϕ0.03 mm。左端是 $\phi24_{-0.033}^{0}$ mm×$10_{-0.1}^{0}$ mm；中间是 1:10 外圆锥（长度为 20 mm）、$\phi30_{-0.033}^{0}$ mm×15 mm 的外圆；右端是 Tr33×6-6E 的梯形螺纹。工件 1 总长（75±0.1）mm，如图 10-8 所示。

工件 2 是锥套，以 $\phi24_{0}^{+0.052}$ mm 为基准，工件的外圆 $\phi45_{-0.039}^{0}$ mm 与基准孔同轴，其同轴度公差为 ϕ0.025 mm，左侧平面对基准轴线的垂直度公差不超过 0.03 mm；中间是内孔 $\phi24_{0}^{+0.052}$ mm 和 1:10 的锥孔；右侧是 1:5 的外锥，长度为（15±0.1）mm。工件 2 总长（30±0.1）mm，如图 10-9（a）所示。

工件 3 以内孔 $\phi30_{0}^{+0.052}$ mm 为基准，外圆 $\phi45_{-0.039}^{0}$ mm 轴线与基准轴线同轴，其同轴度公差为 ϕ0.025 mm；左侧的平面对基准轴线的垂直度公差不超过 0.03 mm；内表面 1:5 锥孔长度为 15 mm，工件 3 总长（28±0.1）mm，如图 10-9（b）所示。

工件外圆轮廓的表面粗糙度 Ra1.6 μm，使用硬质合金车刀，在切削刃锋利、转速较高、在进给量较小的情况下，能达到要求。工件内轮廓的表面粗糙度 $Ra1.6~\mu m$，使用高速钢车刀，在切削刃锋利，在转速较低，进给量较小的情况下，充分浇注切削液的情况下，能达到要求。

2. 加工路线拟定（参考表 10-5）

表 10-5　图 10-7 所示三件合阶组合零件的加工路线

工序	工步	工 序 内 容	工 作 地 点
1	1	检查毛坯，找正夹紧	毛坯 $\phi50$ mm×125 mm
2	1	车端面	车床
	2	粗车外圆 $\phi24$ mm	
	3	钻中心孔	
3	1	调头装夹，找正夹紧	车床
	2	车端面，总长（120±0.1）mm	
	3	钻中心孔	
	4	一夹一顶装夹	
	5	车梯形螺纹大径 $\phi33_{-0.375}^{~0}$ mm	
	6	倒角 $C3$	
	7	粗车 Tr33×6-6E 梯形螺纹	
	8	精车 Tr33×6-6E 梯形螺纹	
4	1	调头，采用两顶尖装夹	车床
	2	精车 $\phi30_{-0.033}^{~0}$ mm×15 mm	
	3	精车 $\phi24_{-0.033}^{~0}$ mm×$10_{-0.1}^{~0}$ mm	
	4	车外圆锥 1：10，长 20 mm	
	5	倒角 $C1$	
	6	检查后，取下工件	
5	1	检查毛坯，找正夹紧	车床
6	2	车端面	车床
	3	钻中心孔	
	4	钻孔 $\phi20$ mm	
	5	倒角 $C1$	
7	1	调头装夹，用百分表找正	车床
8	1	车 $\phi24_{~0}^{+0.052}$ mm 内孔	车床
	2	车内锥孔 1：10（配作） 保证配合尺寸（15±0.1）mm	
	3	车 $\phi45_{-0.039}^{~0}$ mm 外圆	
	4	车外锥 1：5，大端 $\phi39_{~0}^{+0.1}$ mm	
	5	倒角 $C1$	
	6	检查后，切断工件 2	

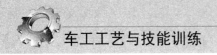

续表

工序	工步	工 序 内 容	工 作 地 点
9	1	车端面，总长（28±0.1）mm	车床
	2	车 $\phi30^{+0.052}_{0}$ mm 内孔	
	3	车内锥孔 1∶5（配作） 保证配合尺寸（1±0.1）mm	
	4	倒角 C1	
	5	检查后，取下工件 3	
10	1	装夹工件 2，用百分表找正	车床
11	1	车端面，总长（30±0.1）mm	车床
	2	倒角 C1	
12	1	检查后，取下工件 2	车床

训练项目二：内外圆锥三件配合零件加工操作训练。

训练目的：1. 能够合理处理加工过程中遇到的各种问题。

2. 能够对工件质量进行综合检测和分析。

训练内容：1. 各组组长强调安全文明生产。

2. 学生观看教师演示。

3. 学生分组操作练习。

训练项目三：内外圆锥三件配合零件加工质量检测。

训练目的：熟悉复杂的配合零件检测项目与方法。

训练内容：1. 学生了解检测项目。

2. 学生熟悉相应量具的使用方法。

3. 学生测量工件并填表 10-6。

【任务完成评价表】（见表 10-6）

表 10-6 内外圆锥三件配合零件加工评价表

学生姓名	班级	组别	日期

一、功能检查，目测检查，操作方法 　　　　　　　　　　　　　　评分采用 10－9－7－5－0 分制

序号	零件号	检测项目	学生自测	教师检测
1	—	安全文明生产		
2	—	按图正确加工		
3	—	表面粗糙度 $Ra1.6$		
4	—	毛刺去除恰当		
5	—	倒角十处		
	结果			

二、尺寸检测　　　　　　　　　　　　　　　　　　　　评分采用 10—0 分制

零件号	序号	图纸尺寸	公差	实际尺寸		分数
				学生自测	教师检测	
1	1	$P=6$ mm				
	2	$\phi24$	$_{-0.033}^{0}$			
	3	$\phi30$	$_{-0.033}^{0}$			
	4	10	$_{-0.1}^{0}$			
	5	20、15	—			
	6	75	±0.1			
	7	◎ $\phi0.025$ $A\text{-}B$ （2处）	—			
2	1	$\phi45$	$_{-0.039}^{0}$			
	2	$\phi39$	$_{0}^{+0.1}$			
	3	$\phi24$	$_{0}^{0.052}$			
	4	15	±0.1			
	5	21	—			
	6	30	±0.1			
	7	◎ $\phi0.025$ C	—			
	8	⊥ $\phi0.03$ C	—			
3	1	$\phi35$	$_{0}^{+0.052}$			
	2	$\phi45$	$_{-0.039}^{0}$			
	3	15				
	4	28	±0.1			
	5	◎ $\phi0.025$ D	—			
	6	⊥ $\phi0.03$ D	—			
配合	1	15	±0.1			
	2	1（左）	±0.1			
	3	1（右）	±0.1			

| 结果 | | | | | | |

评分组	结果	因子	中间值	系数	成绩
功能、目测检查		0.6		0.3	
尺寸检测		2.4		0.7	

参 考 文 献

[1] 蒋曾福. 车工工艺与技能训练 [M]. 北京：高等教育出版社，1998.

[2] 彭德荫. 车工工艺与技能训练 [M]. 北京：中国劳动出版社，2001.

[3] 双元制培训机械专业实习教材编委会. 机械切削工技能 [M]. 北京：机械工业出版社，2000.

[4] 张国军. 金属加工与实训：车工实训 [M]. 北京：高等教育出版社，2010.

[5] 刘庆华. 车工技能项目教程 [M]. 北京：机械工业出版社，2010.

[6] 劳动和社会保障部. 国家职业资格标准：车工 [M]. 北京：中国劳动社会保障出版社，2001.